石榴
丰产栽培新技术

SHILIU FENGCHAN ZAIPEI XINJISHU

苗卫东　主编

中国科学技术出版社
·北　京·

图书在版编目（CIP）数据

石榴丰产栽培新技术 / 苗卫东主编 . —北京：
中国科学技术出版社，2017.8
ISBN 978-7-5046-7614-6

I. ①石⋯　II. ①苗⋯　III. ①石榴—高产栽培
IV. ① S665.4

中国版本图书馆 CIP 数据核字（2017）第 188962 号

策划编辑	刘　聪　王绍昱	
责任编辑	刘　聪　王绍昱	
装帧设计	中文天地	
责任印制	徐　飞	

出　　版	中国科学技术出版社	
发　　行	中国科学技术出版社发行部	
地　　址	北京市海淀区中关村南大街16号	
邮　　编	100081	
发行电话	010-62173865	
传　　真	010-62173081	
网　　址	http://www.cspbooks.com.cn	

开　　本	889mm×1194mm　1/32	
字　　数	91千字	
印　　张	3.5	
版　　次	2017年8月第1版	
印　　次	2017年8月第1次印刷	
印　　刷	北京威远印刷有限公司	
书　　号	ISBN 978-7-5046-7614-6 / S・680	
定　　价	14.00元	

本书编委会

主　编

苗卫东

编著者

苗卫东　扈惠灵　郭俊强

Preface 前言

石榴（*Punica granatum*），别名安石榴，石榴科石榴属。落叶灌木或小乔木，针状枝，叶呈长倒卵形或长椭圆形，无毛。花期5～6月份，多为朱红色，亦有黄色和白色。浆果近球形，果熟期9～10月份。外种皮肉质半透明，多汁，内种皮革质。性味甘、酸、涩、温，具有杀虫、收敛、涩肠、止痢等功效。石榴果实营养丰富，含有人体所需的多种营养成分，果实中含有维生素C及B族维生素，有机酸、糖类、蛋白质、脂肪，以及钙、磷、钾等矿物质。据分析，石榴果实中含碳水化合物17%、水分79%、糖13%～17%，其中维生素C的含量比苹果高1～2倍，而脂肪、蛋白质的含量较少，果实以鲜品为主。

石榴原产自伊朗、阿富汗等国家。石榴是人类引种栽培最早的果树和花木之一。现在我国、印度及亚洲、非洲、欧洲沿地中海各地，均作为果树栽培，而以非洲尤多。西班牙把石榴花作为国花，在50万千米²国土上，不论是高原山地、市镇、乡村的房舍前后，还是海滨城市的公园、花园，石榴花栽种特多。石榴传入我国后，因其花果美丽、栽培容易，深受人们的喜爱。它被列为阴历5月的"月花"，因此又称5月为"榴月"。

在20世纪70年代以前，我国各地石榴生产基本呈零星分布，主要栽植在庭院，规模种植较少。至80年代中期，全国石榴栽培虽有些发展，但总面积也只有5 000公顷左右，总产量约6 000吨，基本不构成商品产量。到2004年，全国石榴栽培面积增至约10万公顷，年产量约38万吨，石榴生产已从"四旁"、庭院走向田间，走向规模化、集约化栽培。石榴生产虽然发展很快，但较其他果树发展仍较慢，目前全国石榴总产量还不足水果总产量的 0.1%，市场供应量极其有限。

石榴管理简单，结果早，寿命长，长者可达 100 年，15 年左右进入盛果期，每 677 米^{2}产量 500～1 000 千克，单株产量 20～30 千克，高的达 50～100 千克，见效快，对于调整农村产业结构及农民脱贫致富来说，是一个投资少、风险小、收益快的好项目。本书系统介绍了石榴生产的实用新技术，力求技术先进实用，内容通俗易懂，希望对石榴生产者有所帮助。

由于笔者水平所限，时间仓促，难免存在错误和纰漏之处，敬请读者和同行专家指教。

编 著 者

Contents 目录

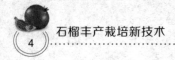

第一章
概　述

　　石榴为中亚古老果树之一，是世界上栽培较早的果树之一，原产于伊朗、阿富汗等中亚地区，至今，在原产地区海拔300～1 000米处常可见到成片的野生石榴丛林。之后，石榴向东传至印度、中国等地，13世纪传到朝鲜及日本。目前，全世界各地基本均有栽培。仅伊朗德黑兰省瓦腊敏农业研究中心就保存了180多个石榴品种，美国国家石榴种质资源圃也保存了300多个石榴品种。

　　我国栽培石榴已有2 000年以上的历史。古书证实，石榴由汉代经丝绸之路传入我国，如《博物志》《艺文类聚》《群芳谱》均记载有"汉张骞出使西域，得涂林安石国榴种以归，故名安石榴"等语。在我国，石榴先在新疆叶城、疏附一带盛行栽培，随之在陕西附近栽植，之后传播到河南、山东、安徽一带，最后遍及国内各地。另有记载，约在3世纪末，石榴由印度经西藏传入我国，因为"涂林"就是焚语石榴（Darin）音译而来，故现在西藏、四川、云南等地均盛产石榴。中国科学院在西藏考察时曾发现了一株800年生的石榴大树，这在世界上也属罕见。

　　古书上的石榴别名很多，有安石榴（《名医别录》）、八海石榴、若榴（《广雅》）、谢榴、岗榴、金庞、丹若（《古今注》）、天浆（《酉阳杂俎》）、金罂和山力叶等。《齐民要术》中已有关于石榴的繁殖和栽培方法的记载。在我国古代，经过人工培育的石榴已分化出很多品种，如《群芳谱》等书中即记载有富阳榴（实大如碗）、海榴（来自海外，矮化种）、黄榴（色黄、丰产）、河阴榴（又名三十八，籽少粒大品种）、岗榴（果白色）等著名品种，属于栽培果树的范围。此外，在国内外都有把番花石榴、四季石榴及玛瑙石榴作为花木盆栽用的。

石榴的营养特别丰富，含有多种人体所需的营养成分，果实中含有维生素 C 及 B 族维生素，有机酸、糖类、蛋白质、脂肪等碳水化合物，以及钙、磷、钾等矿物质。据分析，石榴果实中含碳水化合物 17%，水分 79%，糖 13%～17%，铁 0.4～1.6 毫克 /100 克，蛋白质 0.6～1.5 克 /100 克，脂肪 0.6～1.6 克 /100 克。其中，维生素 C 的含量比苹果高 1～2 倍，而脂肪、蛋白质的含量较少，果实以鲜食为主。成熟的石榴皮色鲜红或粉红，常会裂开，籽粒酸甜多汁。因其色彩鲜艳、籽多饱满，所以常被用作喜庆水果，象征多子多福、子孙满堂。石榴不仅是生食鲜果，还可用于加工和作工业原料。石榴含果汁较多，可制成清凉饮料。石榴还有一定的医疗作用：①广谱抗菌。石榴皮中含有多种生物碱，石榴的醇浸出物及果皮水煎剂，具有广谱抗菌作用，对金黄色葡萄球菌、溶血性链球菌、霍乱弧菌、痢疾杆菌等有明显的抑制作用。其中，对志贺氏痢疾杆菌作用最强。石榴皮水浸剂在试管内对各种皮肤真菌也有不同程度的抑制作用，石榴皮煎剂还能抑制流感病毒。②收敛，涩肠。石榴味酸，含有生物碱、熊果酸等，有明显的收敛作用，能够涩肠止血，加之其具有良好的抑菌作用，所以是治疗痢疾、泄泻、便血及遗精、脱肛等病症的良品。③驱虫、杀虫。石榴皮及石榴树根皮均含有石榴皮碱，对人体的寄生虫有麻醉作用，是驱虫杀虫的良药，尤其对绦虫的杀灭作用更强，可用于治疗虫积腹痛、疥癣等。④止血、明目。石榴花味酸涩而平，若晒干研末，则具有良好的止血作用，也能止赤白带下。石榴花泡水洗眼，还有明目功能。

石榴主要分布在亚热带及温带地区，国外常把它列在热带果树内。我国南北各地均产石榴，南自广东、广西、云南、贵州；北至山东、山西、河南、河北；东起江苏、浙江及安徽等省；西至四川、陕西、甘肃及新疆等地。全国著名的产地有陕西的临潼，新疆的叶城，安徽的怀远、濉溪，山东枣庄市的峄城区，云南的巧家、蒙自和四川的会理等地都有大片的石榴果园。我国还有些地方，如枣庄的棠阴和王庄两地，很多农户靠石榴谋生，石榴产值占当地农民总收入的一半以上。

目前，在各石榴产区中存在的主要问题是管理粗放，病虫较多，产量低而不稳，品种杂乱和市场供不应求等。为此，石榴可配合各地绿化、美化、净化环境，提倡"四旁、十边"栽植，因地制宜地发展石榴生产。

第二章
石榴的生物学特性

一、生长结果习性

（一）生命周期

石榴在其整个生命过程中，存在着生长与结果、衰老与更新、地上部与地下部、整体与局部等矛盾。起初是树体的地上部与地下部进行旺盛的离心生长，随着树龄的增长，部分枝条的一些生长点开始转化为生殖器官而开花结果。随着结果数量的不断增加，大量营养物质转向果实和种子，营养生长趋于缓慢，生殖生长占据优势，树体也随之逐渐衰老。随着部分枝条和根系的死亡引起树体局部更新，进入整体的衰老更新过程。在生产上，根据石榴树一生中生长发育的规律性变化，将其一生划分为5个年龄时期，即幼树期、结果初期、结果盛期、结果后期和衰老期。

1. 幼树期　幼树期是指从苗木定植至开始结果，或者从种子萌发至开始开花结果。此期一般无性繁殖苗2年就可以开花结果，有性繁殖苗3年开始开花结果。

这一时期的特点是：以营养生长为主，树冠和根系的离心生长旺盛，开始形成一定的树形；根系和地上部生长量较大，光合和吸收面积扩大，同化物质积累增多，为开花结果创造营养物质条件。石榴年生长期长，新梢具有3次（春、夏、秋）生长。但往往由于组织不充实而影响抵御灾害的能力，特别是北方地区的冬季容易出现冻害。

管理上要从整体上加强树体生长，深翻扩穴，充分供应肥水，轻修剪，多留枝，促进根系和枝叶生长，使其尽快形成树冠和牢固的骨架，为早结果、早丰产打下基础。

石榴生产中多采用营养繁殖的苗木，阶段性已成熟，已具备开花结果的能力，所以栽植后的石榴树能不能早结果，主要在于形成花芽的营养物质基础是否具备，如果幼树条件适宜，栽培技术管理得当，则生长健壮、迅速，具有一定树冠大小的石榴树开花早且多。

2. 结果初期 从开始结果至有一定经济产量为止，一般树龄 5～7 年。实质上是树体结构基本形成，前期营养生长继续占优势，树体生长仍较旺盛，树冠和根系加速发展，是离心生长的最快时期。随着产量的不断增加，地上部和地下部生长逐渐减缓，营养生长向生殖生长过渡并渐趋平衡。

这一时期的特点是：结果量逐渐增多，果实由初结果时的小逐渐变大，趋于本品种果实固有特性。管理上，在运用综合管理的基础上，培养好骨干枝，控制利用辅养枝，并注意培养和安排结果枝，使树冠加速形成，增加花果数量。

3. 结果盛期 从有经济产量起，经过产量逐步提高至最高产量，产量相对稳定时期到产量开始连续下降的初期为止，一般可达 60～80 年。

这一时期的特点是：骨干枝离心生长停止，结果枝大量增加，果实产量达到最高，由于消耗大量营养物质，枝条和根系生长都受到抑制，树冠和根系也扩大达到最大限度。同时，骨干枝上光照不良部位的结果枝，出现干枯、死亡现象，结果部位向外转移，树冠末端小枝出现死亡，根系中的末端须根也有大量死亡现象。树冠内部开始发生少量生长旺盛的徒长枝，开始出现向心更新。

管理上要做好综合管理措施，抓好 3 个重要环节，一是充分供应肥水；二是合理地更新修剪，均衡配备营养枝、结果枝和结果预备枝，使生长、结果和花芽形成达到稳定平衡状态；三是坚持疏花、疏果，使生长与结果达到均衡。

4. 结果后期　从稳产高产状态至产量明显下降，经济效益降低为止，一般有 10～20 年的结果年限。

这一时期的特点是：新生枝数量减少，开花结果消耗养分多，而末端枝条和根系大量衰亡，导致同化作用减弱；向心更新增强，病虫害增多，树势衰弱。

管理上，要疏花、疏果，保持树体均衡结果；果园深翻改土、增施肥水，促进根系更新，适当重剪回缩，利用更新枝条延迟衰老。由于石榴产生根蘖能力很强，可采取基部培土和根系修剪的方法，促进根蘖苗的形成与生长，用来进行老树更新。

5. 衰老期　从产量降低至几乎无经济收益时开始，到大部分枝干不能正常结果以至死亡时为止。

这一时期的特点是：骨干枝、骨干大量衰亡。结果枝越来越少，老树不易复壮，经济利用价值已不太大。

管理上，将老树树干伐掉，加强肥水，培养蘖生苗，自然更新。如果提前做好更新准备，在老树未伐掉前，更新的根蘖苗也可以挂果。

石榴树各个年龄时期的划分，反映着树体的生长与结果、衰老与更新等矛盾互相转化的过程和阶段，各个时期虽有其明显的形态特征，但又往往是逐步过渡和交错进行的，并无明显的界限，而且各个时期的长短也因品种、苗木繁殖方法、立地条件、气象因子及栽培管理条件而不同。

正常情况下，石榴树的寿命可达 100 年左右，甚至更长。如在河南省开封县范村有 240 年的大树（经 2～3 次换头更新）。另据西藏自治区农牧科学院调查，该区有 100～200 年生的大树。种子繁殖后代容易发生遗传变异，不易保持母体性状，但寿命较长。无性繁殖后代能够保持母体的优良特性，但寿命比有性繁殖后代要短些。

石榴树"大小年"结果现象没有明显的周期性，但树体当年的结果量、修剪水平、病虫危害及树体营养状况不合理等都可影响翌年的结果。

（二）年生长周期

石榴作为北方落叶果树，每年都有一个从萌芽、开花、结果至落叶休眠的年生长周期。在这个周期中有两个明显的不同阶段，即相对静止的休眠期和非常活跃的生长期。这两个阶段紧密联系，互为基础。

1. 休眠期 石榴在冬季为适应低温和不利的环境条件，树体就落叶而处于休眠状态。从落叶至萌芽止，为休眠期，大约经过 5 个月，从当年 10 月下旬或 11 月上旬至翌年 3 月下旬或 4 月上中旬。石榴树的不同树龄和树体各器官及不同部位休眠期不完全一致，一般幼树比成年树停止生长晚，进入休眠也晚。同一株树的枝芽及小枝比树干进入休眠早。根颈部休眠最晚而解除休眠最早。同一枝条的皮层与木质部进入休眠比形成层要早。因此，初冬季节防止石榴树冻害是非常重要的。

2. 生长期 石榴从萌芽至落叶为生长期，包含了营养生长（枝叶与根系生长）、生殖生长（开花坐果、果实生长与花芽分化）和营养积累 3 个方面。在整个生长季节它们既相互依存又相互制约。

根系与枝叶生长有时同步进行，有时交替生长，反映了营养分配中心的转移。春季根系最早开始活动，给萌芽提供必要的水分、营养和促进细胞分裂及生长的激素。新梢开始迅速伸长生长，根系和新梢生长基本同步。此时期生长所需的营养主要是上年树体储藏的营养，新梢经过短暂缓慢生长后进入迅速生长期。在这段时间出现 1～2 次生长高峰。这一时期的营养主要来自当年同化的营养。根系伸长与新梢生长这时基本上交替进行，以后一段时间大量新梢迅速生长，嫩茎、幼叶合成的生长素自上而下运输至根部，表现为地上部和地下部同步生长。8月下旬后地上营养生长放缓，9～10月份根系再次生长。此时期叶片光合强度虽已降低，但因没有新生器官的消耗，可以大量积累营养。在正常落叶前，叶片营养回流，储藏于芽、枝干和根系中，因而秋季保叶对养根、壮芽和充实枝条具有重要的意义，既要使枝叶生长茂盛，又不能贪长，以利于树体营养的储藏，并减少营养损失。生殖生长完全是消耗性的生长发育。开花坐果消耗的营养是树体储藏的营养，在春季新梢停止生长后，石榴树进入开花坐果期，是当时营养分配的中心。花芽当年第二次分化与果实迅速生长重叠，是当年产量与翌年产量相矛盾的时期，所以应加强肥水供应。10月份以后多数品种已采收，树体进入营养积累期，此时保叶不仅壮芽、壮枝，还为翌年结果奠定营养基础。

3. 物候期 在我国黄淮地区，石榴的物候期大致分为以下几个时期。

（1）**根系活动期** 3月上中旬，当地温达8.5℃时吸收根开始活动。4月上中旬当地温达14.8℃时，新根大量发生。第一次新根生长高峰出现在5月中旬，第二次出现在6月下旬。

（2）**萌芽、展叶期** 3月下旬至4月上旬，当旬平均温度11℃时开始萌芽，随着新芽萌动，新梢抽生叶片并展开。

（3）**现蕾期** 4月下旬，当旬平均温度14℃时，花蕾出现，呈绿豆粒大小。

（4）**初花期** 5月15日前后，当旬平均温度达22.7℃时，部分花开放。

（5）**盛花期** 5月25日持续至6月15日前后，历时20天，当旬平均温度达24℃～26℃时，大部分花开放，此期也是坐果盛期。

（6）**末花期** 7月15日前后，当旬平均温度29℃左右时，开花基本结束，但就整个果园而言，直至果实成熟都可陆续见到花。

（7）**果实生长期** 5月下旬至9月中下旬，当旬平均温度达

18℃～24℃时，果实生长发育，整个果实生长期大约 120 天。

（8）**果熟期** 9 月中下旬，当旬平均温度 18℃～19℃时，不同品种的果实陆续成熟。

（9）**落叶期** 11 月上中旬，旬平均温度 11℃左右时，石榴地上部分开始停止生长，并逐渐落叶。石榴的年生长期大约 210 天，休眠期为 150 天左右。

石榴物候期因栽培地区、不同年份及品种习性的差异而不同，气温是影响物候期的主要因子。在我国南方萌芽早、果实成熟早、落叶迟，而在北方则正好相反，因此各产地物候期也不同（表 1-1）。

表 1-1 石榴不同产地物候期比较

产　地	萌芽期	始花期	成熟期	落叶期
河南开封	3 月下旬	5 月中旬	9 月中下旬	10 月下旬至 11 月上旬
山东枣庄	3 月下旬	5 月中旬	9 月中下旬	10 月下旬
陕西临潼	3 月下旬	5 月中旬	9 月中下旬	10 月下旬
安徽怀远	3 月下旬	5 月中旬	9 月中下旬	10 月底
四川会理	2 月上旬	5 月上旬	7 月下旬至 8 月上旬	10 月下旬
云南蒙自	2 月上旬	5 月上旬	7 月中旬	12 月下旬

（三）生长习性

1. 根系 石榴的根系可分为骨干根、须根和吸收根 3 个部分。骨干根是指寿命长的较粗大根，粗度在 1 厘米以上，相当于地上部的骨干枝。须根是指粗度在 1 厘米以下的多分枝细根，相当于地上部 1～2 年生的小枝和新梢。吸收根就是长在须根上的白色、大小长短形如豆芽的叫永久性吸收根，它可以继续生长成为骨干根；还有形如白色棉线的细小吸收根，称为暂时性吸收根，数量非常大，相当于地上部的叶片，寿命不超过 1 年，是暂时性存在的根；但它是石榴的主要吸收器官。它除了吸收营养、水分外，还合成大量氨基酸和多种激素。其中，主要是细胞分裂素，这种激素输送到地上部，促进细胞分裂和分化，如花芽、叶芽、嫩枝、叶片及树皮部形成层的分裂分化、幼果细胞的分裂分化等。总之，吸收根的吸收合成功能与地上部叶片的光合功能，都是石榴树赖以生长发育最主要的2种器官功能。须根上生出的白色吸收根，其上具有大量根毛，是吸收水分和养分的主要器官。其数量越大，吸收面积越大，它们相当于地上部叶片上的气孔。

石榴根系中的骨干根和须根，将吸收根伸展到土层中的空间，大量吸收水分和养分，与叶片生产并由枝干输送来的碳水化合物共同合成氨基酸和激素。所以，根系中的吸收根，不仅有吸收功能，还具有合成功能。在果园土壤管理上采用深耕、改土、施肥和根系修剪等措施，为吸收根创造良好的生长和发展环境，就是依据上述科学规律进行的。

石榴根系在土壤中呈水平和垂直分布。水平方向主要在主干周围4～5米、比树冠大1倍左右的面积范围内。根系的垂直分布，主要在15～60厘米深的土层内。60厘米以下的土层中，根的数量较少，但1.5～2米以下的土层中仍有少量分布，个别垂直根可深达5米以上，甚至深度达到10米左右。这主要是在干旱地区，根系吸收深层土壤水分的适应性反应。在多雨和湿润条件下，根系发展的合适范围，大都在15～60厘米深的土层内。因为这里具有根系发展的最适条件：土壤相对含水量60%～80%、空气含量为20%～40%、营养元素丰富。而深层土壤则往往缺乏空气、水分和营养元素等必要的条件。

2. 枝 条

（1）枝条的分类

①按时间分类 依据其年龄的不同，可分为新梢、1年生枝、2年生枝和3年生枝等。

新梢：指当年长出、着生有叶片的枝条。

1年生枝：新梢在秋天落叶后至还未萌发前即称1年生枝。

2年生枝：着生1年生枝的枝条。

3年生枝：着生2年生枝的枝条。

②按功能分类　3年生以上的枝条，统称多年生枝。根据枝条功能的不同，又可分为结果枝、结果母枝、营养枝、针枝和徒长枝等。

结果枝：是指着生果实的新梢。

结果母枝：着生混合芽（花芽）的枝条。

营养枝：又称发育枝，其上着生的芽全是叶芽。

针枝：多为先端枯顶而形成针刺状的短枝。

徒长枝：多为根颈附近或骨干枝上萌发的，生长很旺的枝条。其长度在80～100厘米及其以上，其上常发生二次枝和三次枝，颜色较浅。

（2）枝条的生长特性　一般石榴的枝条比较细瘦，腋芽明显，枝条先端呈针刺，并皆对生。在一年中，枝条生长的长短不一，长枝和徒长枝先端多自枯或呈针状，没有顶芽。

一般长枝（即营养枝或称新梢）每年生长时间长，是扩大树冠的主要器官。而生长较弱、基部簇生数叶的最短枝，先端有1个顶芽，这些最短枝如果当年营养适度，顶芽即成混合芽，翌年抽生结果枝。反之，如营养不良，则仍为叶芽，翌年生长很弱，仍为最短枝，但也有受刺激而伸展成长枝或发育枝的。生长力强的徒长枝，往往1年可达1米以上，随着徒长枝的生长，在中上部各节发生二次枝，二次枝生长旺时又生三次枝，这些二次、三次枝与母枝几乎呈直角，向水平方向伸展。

3. 芽　石榴芽依季节而变化，有紫、绿、橙3色。按芽着生位置不同，可分为腋芽和顶芽。腋芽也叫侧芽，着生在叶腋中。凡新梢伸长具明显腋芽的，无论其长度如何，都是先端自枯而呈针状，没有顶芽。但生长极弱、基部簇生数叶和没有明显腋芽的最短枝，都有1个明显的顶芽，而且易形成混合花芽。

按石榴芽的功用，可分为叶芽和混合芽。叶芽只抽生发育枝和中短枝。混合芽可以抽生带叶片的结果枝，芽内既有花蕾原始体，又有枝和叶的原始体，所以叫混合芽。还有一些芽，1年至数年不萌发，一旦受到外界刺激，如剪去芽上端枝条等才可萌发，萌发后多形成徒长枝。这种芽就叫隐芽，或叫潜伏芽。

石榴的芽因在枝上所处位置不同，其大小不同，芽的萌发力和成枝力也不同，这称为芽的异质性。1年生枝上的芽，一般在中部的芽往往较饱满，而基部和顶部的芽多瘦小，这与新梢基部叶片较小（春季气温较低）、中部叶片较大（夏季气温较高）、顶部叶片又较小（秋季气温较低，或夏季末期较干旱）有关。

（四）结果习性

1. 花　石榴的花为两性花。一般1朵乃至数朵着生在当年生新梢的顶端及顶端下面的叶腋中。花为子房下位，萼片硬，肉质，筒状，先端5～7裂，多6裂，与子房连生，宿存，呈王冠状。花瓣5～7片，互生，覆瓦状，皱褶于萼筒之内，其数与萼片同，多为红色或白色。观赏用的石榴，花瓣极多，约160片，同时畸形花较多。中间一雌蕊，雄蕊多达220～231个。子房7～15室，分为2层，中间有横隔膜，一层在内侧，位于下方，由3个心皮组成；另一层在外侧，位于上方，由5～12个心皮组成。

石榴花也有退化花，退化花的多少因品种特性及开花期的早晚而不同。退化花与正常花的区别在于子房和花柱的发育程度。由于退化花营养不良，其萼筒尾尖，外形是上大下小呈钟状，故名"钟状花"；雌蕊瘦小或无，明显低于雄蕊，不能完成正常的受精作用而凋落，俗称"幌花"。两性正常发育的花，其萼筒尾部明显膨大，外形是上下等粗，呈筒状，故名"筒状花"。雌蕊粗壮高于雄蕊或与雄蕊等高，正常条件下能授粉受精。

石榴退化花数量很大，据调查多达85%～99%，是导致石榴落花落果的主要原因。影响花器发育的因素很多，如品种、长势、树龄、立地条件及营养水平等。例如，甜石榴比酸石榴退化花多，生长在土层薄的沙地、营养条件差、树龄大、树势弱的石榴，其退化花就多。因此，结合修剪，调节树体的营养分配，即可提高完全花的比例。

2. 果 石榴花受精后子房发育，待子房成熟，即变为大型多室多籽的浆果。果实由花托发育而来，果皮厚，革质，不形成果肉，在每室内有很多籽粒，即种子。种子由外种皮、内种皮及胚组成，食用部分为多汁的外种皮，内种皮呈角质，也有退化变软的，如软籽石榴。

石榴成熟果实为球形或扁圆形。皮为青色、黄色、红色、黄白色等，有些品种果面有点状或块状果锈，而有些品种果面光洁。果底平坦或尖尾状或有环状突起，萼片肥厚宿存，果皮厚1～3毫米，富含单宁，不具食用价值，果皮内包裹着由众多籽粒分别聚居于多心室子房的胎座上，室与室之间以竖膜相隔。每果内有种子100～900粒，同一品种同株树有种子上的不同果实，其子房室数不因坐果早晚、果实大小而有大的变化。

石榴从受精坐果至果实成熟采收的生长发育需要110～120天，果实发育大致可以分为幼果速生期、果实缓长期和采前稳长期3个阶段。幼果期出现在坐果后的5～6周内，此期果实膨大最快，体积增长迅速。果实缓长期出现在坐果后的6～9周，历时20天左右，此期果实膨大较慢，体积增长速度放缓。采前稳长期亦即果实生长后期、着色期，出现在采收前6～7周，此期果实膨大再次转快，体积增长稳定，较果实生长前期慢、中期快，果皮和籽粒颜色由浅变深，达到本品种固有颜色。

石榴的植株大小，花的颜色、花瓣的多少、萼片的开闭情况，果实的大小、形状、颜色及内部种子的大小、颜色等，均与品种特性有关。

3. 结果特性 石榴的结果特性是指在结果母枝上抽生结果枝后结果。结果母枝多为春季生长的一次枝或初夏所生的二次枝，这种枝条停止生长早，发育充实。翌年在顶芽（最短结果母枝）或腋芽（长结果母枝）发生短小新梢（长6～20厘米），在这些新梢上一般着生1～5朵花，这些着花结果的新梢称为结果枝。其中1个花顶生，其余的则为腋生。一般以顶生花芽最易坐果，但也有结2～3个的"并蒂石榴"，即结二果。如河北南部一带的"五子登科石榴"，即各花皆可坐果。这种结果枝因先端结果，则不能向前生长，使养分集中，因而往往比其他枝条粗壮，于结果翌年，其下部分枝又成为生长枝或结果母枝。

石榴的花量虽很多，但坐果率却很低，一般只有1%～16%；同时落果严重，造成了营养大量损失。因此，如何做好保花保果是生产上必须解决的问题。另外，由于对石榴管理粗放，在生产上也存在着大小年结果现象。

二、对环境条件的要求

（一）温 度

温度是影响石榴树生长发育的主要环境因素，主要表现在空气温度和土壤温度两个方面。温度直接影响着石榴树的水平和垂直分布。石榴属于喜温树种，喜温畏寒。据观察，石榴树在日平均温度10℃左右时树液流动，11℃时萌芽、抽枝、展叶；日平均温度24℃～26℃授粉受精良好，温度18℃～26℃适合果实生长和种子发育；日平均温度18℃～21℃，且昼夜温差大时，有助于石榴籽粒糖分积累。当旬平均温度11℃时落叶，地上部进入休眠期。

由于地温变化小，冬季降温晚，春季升温早，所以在北方落叶果树区石榴树根系活动周期比地上器官长，即根系的活动春季早于地上部，而秋季则晚于地上部停止活动。生长在亚热带生态条件下的石榴树，改变了落叶果树的习性，即落叶和萌芽年生长期内无明显的界限，地上、地下生长基本上无停止生长期。

石榴从现蕾至果实成熟需 ≥ 10℃有效积温 2 000℃以上，年生长期内需 ≥ 10℃有效积温在 3 000℃以上。在我国石榴分布区内，温度完全可以满足石榴年生长发育需要。

（二）光　照

石榴树是喜光植物，在年生长发育过程中，特别是石榴果实的中后期生长，光照对果实着色尤为重要。光照是石榴树进行光合作用、制造有机养分必不可少的能源，也是石榴树赖以生存的必要条件之一。光合作用的主要场所是含叶绿素的绿色石榴叶片，此外是枝、茎、裸露的根、花果等绿色部分，因此生产上保证石榴树一定的叶面积很重要。而光照条件的好坏，决定光合产物的多少，直接影响石榴树各器官生长发育的优劣和产量的高低。而光照条件又因不同地区、不同海拔高度和不同的坡向而有差异。此外，石榴树的树体结构、叶幕层厚薄与栽植距离有关。一般光照量在我国由南向北随纬度的增加而逐渐增多，在山地，从山下往山上随海拔高度的增加而加强，并且紫外光增加，有利于石榴的着色；从坡向看，阳坡比阴坡光照好；石榴树的枝条太密、叶幕层太厚，光照差，石榴树栽植过密光照差，栽植过稀光照利用率低。

石榴果实的着色除与品种特性有关外，还与光照条件有很大关系，阳坡石榴树的果实着色好于阴坡；树冠南边向阳面及树冠外围果着色好。栽培上要满足石榴树对光照的要求，在适宜栽植地区栽植是基本条件，而合理密植、适当整形修剪、防治病虫害、培养健壮树体则是关键。我国石榴不同栽培区年日照时数在 1 000～3 500 小时，以年日照 2 000 小时、9 月份日照在 200 小时以上的地区较为适宜。

（三）水　分

水分是植物体的组成部分。石榴树根、茎、叶、花、果的发育均离不开水分，其各器官含水量分别为：果实80%～90%、嫩枝65.4%、硬枝53%、叶片65.9%～66.8%。水分直接参加石榴树体内各种物质的合成和转化，也是维持细胞膨压、溶解土壤矿物质营养、平衡树体温度不可替代的重要因素。水分不足和过多都会对石榴树产生不良影响。水分不足、空气湿度小、空气干燥，会使光合作用降低，叶片因细胞失水而凋萎。据测定，当土壤相对含水量12%～20%时，有利于花芽形成和开花坐果及控制幼树秋季旺长，促进枝条成熟；土壤相对含水量20.9%～28%时，有利于营养生长；土壤相对含水量23%～28%时，有利于石榴树安全越冬。

石榴树属于抗旱力强的树种之一，但干旱仍是影响其正常生长发育的重要原因，在黄土丘陵区以及沙区生长的石榴树，由于无灌溉条件，生长缓慢，与同龄有灌溉条件的石榴树相比明显矮小，很容易形成"小老树"。水分不足，除了对树体营养生长影响外，还对其生殖生长的花芽分化、现蕾开花及坐果和果实膨大都有明显的不利影响。据测定，当30厘米土壤相对含水量为5%时，石榴幼树出现暂时萎蔫；含水量降至3%以下时，则出现永久萎蔫。反之，水分过多、日照不足，光合作用效率显著降低，特别当花期遇雨或连阴雨天气，树体自身开花散粉受影响，而外界因素的昆虫活动也受阻，花粉被雨水淋湿，风力无法传播，对坐果影响明显。在果实生长后期遇阴雨天气时，由于光合产物积累少，果实膨大受阻，并影响着色。但当后期天气晴好、光照充足、土壤含水量相对较低时，突然降水和浇水又极易造成裂果。

在我国，石榴分布在年降水量55～1 600毫米的地区，且降水量大部分集中在7～9月份雨季，多数地区干旱是制约石榴丰产、稳产的主要因素。石榴树对水涝反应也较敏感，果园积水时间较长或土壤长期处于水饱和状态，对石榴树的正常生长造成严重影响。生长期连续4天积水，叶片发黄脱落；连续积水超过8天，植株死亡。石榴树在受水涝之后，由于土壤氧气减少，根系的呼吸作用受到抑制，导致叶片变色枯萎、根系腐烂、树枝干枯、树皮变黑甚至全树干枯死亡。水分多少除直接影响石榴树的生命活动外，还对土壤温度、大气温度、土壤酸碱度、有害盐类浓度、微生物活动状况产生影响，因而对石榴树发生间接作用。

（四）土　壤

土壤是石榴树生长的基础。土壤的质地、厚度、温度、透气性、水分、酸碱度、有机质、微生物活动等，对石榴树地下、地上生长发育有着直接的影响。生长在沙壤土上的石榴树，由于土壤疏松、透气性好、微生物活跃，故根系发达，植株健壮，根深、枝壮、叶茂、花期长、结果多。但生长在黏重土壤或土层浅薄、砾石层以及河道沙滩等土壤肥力贫瘠的石榴植株，由于透气不良或土壤保肥水、供肥水能力差，导致植株生长缓慢、矮小，根幅、冠幅小，结果量少，果实小，产量低，抗逆性差。石榴树对土壤酸碱度的要求不太严格，pH值为 4～8.5 时均可正常生长，但以 pH 值为 7±0.5 的中性和稍酸偏碱土壤中生长较适宜。土壤含盐量与石榴冻害有一定的相关性，重盐碱区石榴园应特别注意防冻。石榴树对自然的适应能力很强，在多种土壤上均可健壮生长，对土壤选择要求不严，但从丰产、优质角度考虑，还是以沙壤土为最好。

（五）空气和风

通过风促进空气中二氧化碳和氧气的流动，可保持石榴园内二氧化碳和氧气的正常浓度，有利于光合作用、呼吸作用的进行。一般的微风、小风可改变林间湿度、温度，调节小气候，提高光合作用和蒸腾效率，解除辐射、霜冻的威胁，有利于生长、开花、授粉受精和果实发育，所以风对果实生长有密切关系。但风级过大易形成灾害，对石榴树的生长也是不利的。

（六）地势、坡度和坡向

地势、坡度和坡向的变化会引起生态因子的变化，从而影响石榴树生长结果。据开封市农林科学研究所（1993）观测，当年 11 月 19 日降雪，温度急剧下降，在地处平原的开封市降至 –9.5℃，而豫西丘陵区，海拔高于开封市，因受小气候的影响，温度反而比开封市高，石榴苗的冻害相对轻些。就自然条件的变化规律而言，一般随海拔增高而温度有规律地下降，空气中的二氧化碳浓度变稀薄，光照强度和紫外光增强。雨量在一定范围内随高度上升而增加，但随垂直高度的增加，坡度增大，植物覆盖程度变差，土壤被冲刷侵蚀程度较为严重。自然条件的变化有些对石榴树的生长是有利的，而有些则是不利的。就生长而言，石榴树在山地就没有平原区生长得好，但在一定范围内随海拔高度的增加，却有利于石榴的着色。

坡度大小对石榴树的生长也有影响，随着坡度的增大，土壤含水量减少，冲刷程度严重，对石榴树的不利影响也越明显，如在豫西黄土丘陵陡坡上生长的一些石榴树，由于土壤肥力低、干旱，有很多"小老树"，产量、品质都不佳。

坡向对坡地的土壤湿度、土壤水分有很大影响，南坡日照时间长，所获得的辐射也比水平面多，小气候温暖，物候期开始较早，石榴果实品质也好。但南坡因湿度较高，融雪和解冻都较早，蒸发量也大，易于干旱。

自然条件对石榴树生长发育的影响，是各种自然因子综合作用的结果，各因子间相互联系、相互影响和相互制约，在一定条件下，某一因子可能起主导作用，而其他因子处于次要地位。因此，建园前必须把握当地自然条件和主要矛盾，有针对性地制定相应技术措施，以解决关键问题为主、解决次要问题为辅，使外界自然条件的综合影响有利于石榴树的生长和结果。

第三章
主要种类及优良品种

一、主要种类

石榴为石榴科（Punicaceae）石榴属（*Punica* L.）植物，可栽培的品种只有一种，即石榴（*Punica granatum* L.）。石榴有以下几个变种。

白石榴（银榴）：嫩叶和枝条灰白色，成龄叶浅绿色。花瓣5～7片，背面中肋浅黄色，花大、白色，萼筒低，萼6片，开张。果实球形，皮黄白色。

黄石榴：花黄色。

红石榴（重瓣石榴）：又称千瓣石榴，花冠红色，花瓣15～23片，花药变花冠形32～43枚，花大。不孕花有叠生现象。萼筒较高，萼6～7片。果实球形，皮青绿色，薄而易裂果，向阳面有红晕，果面有点状果锈，果大。

重瓣白石榴：花白色，花瓣27片，背面中肋浅黄色。花药变花冠形50～100枚，花柱、花丝白色，不孕花有叠生现象，萼6片闭合。果实圆形，果面有棱，皮粉白色。花形美观，在沙地生长良好，赏食兼用，分布范围广。

墨石榴：植株矮小。1年生枝条紫黑色，枝细柔、叶狭小，花瓣6片。花期5～7月份。果小球形，紫黑色、味不佳。

玛瑙石榴：又称彩色石榴，花红色，重瓣54～60片，具黄白色条纹；中肋浅黄色；花丝白色，花药变花冠形 25～34 片；果实球形，不孕花雌蕊退化。

四季石榴（月季石榴）：植株矮小，1 年生枝绿色。叶线形，多花性、花小、花瓣 6 片，花期 5～9 月份。果皮粉红色，果小。为盆栽观赏品种。

二、优良品种

（一）豫石榴 1 号

由开封市农林科学研究所选育而成。1995 年通过河南省林业厅组织的专家鉴定。

树形开张，枝条密集，成枝力较强，5 年生树冠幅/冠高为 4 米/3 米。幼枝紫红色，老枝深褐色。幼叶紫红色，成叶窄小，浓绿，刺枝坚硬、锐，量大。花红色，花瓣 5～6 片，总花量大，完全花率 23.2%，坐果率 57.1%。果实圆球形，果形指数 0.92，果皮红色。萼筒圆柱形，萼片开张，5～6 裂。平均单果重 270.5 克，最大果重 1 100 克。子房 9～12 室，籽粒玛瑙色，出籽率 56.3%，百粒重 34.4 克，出汁率 89.6%，含可溶性固形物 14.5%、糖 10.4%、酸 0.31%，糖酸比 29∶1，风味酸甜。成熟期 9 月下旬。5 年生树平均株产 26.6 千克。

该品种抗寒、抗旱、抗病、耐贮藏，抗虫能力中等，适宜生长范围广，适应性强，即在平原沙地、黄土丘陵、浅山坡地均可生长良好。适宜密度为 2～3 米×3～4 米。

（二）豫石榴 2 号

由开封市农林科学研究所选育而成。1995 年通过河南省林业厅组织的专家鉴定。

树形紧凑，枝条稀疏，成枝力中等，5 年生树冠幅/冠高为

2.5 米 / 3.5 米。幼枝青绿色，老枝浅褐色。幼叶浅绿色，成叶宽大，深绿。刺枝坚韧，量小。花冠白色，花瓣 5～7 片，总花量小，完全花率 45.4%，坐果率 59%。果实圆球形，果形指数 0.9，果皮黄白色、洁亮。萼筒基部膨大，萼片 6～7 裂。平均单果重 348.6 克，最大果重 1 260 克。子房 11 室，籽粒水晶色，出籽率 54.2%，百粒重 34.6 克，出汁率 89.4%，含可溶性固形物 14%、糖 10.9%、酸 0.16%，糖酸比 68∶1，味甜。成熟期 9 月下旬。5 年生树平均株产 27.9 千克。

该品种抗寒、抗旱、抗病虫能力中等，适宜生长范围广。适宜密度为（2～3）米×（3～4）米。

（三）豫石榴 3 号

由开封市农林科学研究所选育而成。1995 年通过河南省林业厅组织的专家鉴定。

树形开张，枝条稀疏，成枝力中等，5 年生树冠幅 / 冠高为 2.8 米 / 3.5 米，幼枝紫红色，老枝深褐色。幼叶紫红色，成叶宽大，深绿。刺枝绵韧，量中等。花冠红色，花瓣 6～7 片，总花量少，完全花率 29.9%，坐果率 72.5%。果实扁圆形，果形指数 0.85，果皮紫红色，果面洁亮。萼筒基部膨大，萼片 6～7 裂。平均单果重 281.7 克，最大果重 980 克。子房 8～11 室，籽粒紫红色，出籽率 56%，百粒重 33.6 克，出汁率 88.5%，含可溶性固形物 14.2%、糖 10.9%、酸 0.36%，糖酸比 30∶1，味酸甜。成熟期 9 月下旬。5 年生树平均株产 236 千克。

该品种抗旱、耐瘠薄、抗病、耐贮藏，适宜生长范围广，但抗寒性稍差。适宜密度为（2～3）米×（3～4）米。

（四）玉石籽石榴

该品种原产自安徽省怀远县。树势中等，枝叶茂密，叶中等大、色深，披针形，浅绿色。果实圆球形，具棱，单果重 250～

300 克，果皮薄，黄白色，阳面红色。籽粒青白色，百粒重 70 克。风味甘甜，含糖 10.7%、酸 0.53%。在当地 9 月上旬成熟。

（五）玛瑙籽石榴

该品种原产自安徽省怀远县。树势中庸，叶披针形，基部狭长，针刺细软。果实球形，多偏斜，果底有明显的棱状突起，果皮薄软且粗糙，黄橙色，阳面有红色斑点和褐色斑纹。平均单果重 250 克，最大果重 500 克。籽粒浅红色，百粒重 61～70 克，核软可食。风味甜，含可溶性固形物 15.5%。在当地 9 月下旬至 10 月上旬成熟。

（六）峄 87- 青 7

该品种原产自山东省枣庄市峄城区。树体中等，树姿开张，枝条生长粗壮，二次枝较多。新梢浅灰色，停止生长后顶端转化为针刺，多年生枝灰白色。叶片对生，倒卵形，叶色浓绿，叶尖急尖、钝圆。果实近扁圆形，果面较光洁，有明显的纵棱条纹，果面底色黄绿，阳面有红晕或红褐色。萼筒半开张。单果重 360～650 克，最大果重 1 357 克，单果籽粒 451～862 粒。子房 8～12 室，百粒重 40～61 克，核较硬，含糖 16%、酸 0.49%，籽粒透明、鲜红色，味甜。结果能力强，丰产性好。在当地 9 月中旬成熟。

（七）江 石 榴

又名水晶江石榴，原产自山西省临猗县临晋乡。树体高大，树冠圆头形，树势强，枝条直立，易生徒长枝，多年生枝干深灰色。叶色浓绿，倒卵形，叶尖圆宽，叶长 6.2 厘米、宽 2.3 厘米。果实近圆形，平均单果重 250 克，纵径 10 厘米，横径 9 厘米，最大果重 500～750 克，萼筒钟形，长约 3.5 厘米，萼片 5～8 裂，闭合或半闭合。果面光滑洁亮，皮鲜红色，厚 0.5～0.6 厘米。心室 5～8 个，隔膜薄，单果籽粒 650～680 粒，籽粒较大，深红色，核软，含糖 17%。风味甜带微酸。在当地 9 月中下旬成熟，极耐贮运。

（八）净皮甜石榴

又名粉皮甜、红皮甜、大叶石榴，原产自陕西省临潼市。树势强健，耐瘠薄，抗寒耐旱，树冠较大，茎刺少，枝条粗壮，灰褐色。叶片大，绿色，长披针形或长卵圆形。果实圆球形，单果重 250～350 克，最大果重 605 克，萼筒、花瓣红色，萼片 4～8 裂，多数 7 裂。果面光洁，底色黄白，具粉红色或红色彩霞。心室 4～12 个，多数 6～8 个，单果籽粒约 522 粒，籽粒粉红色，百粒重 26.4 克，含可溶性固形物 14%～16%，风味甘甜。在当地 3 月下旬萌芽，花期 5 月上旬至 7 月中旬，9 月上中旬成熟。采前或采收期遇连阴雨易裂果。

（九）大红甜石榴

又名大红袍、大叶天红蛋，原产自陕西省临潼市。树冠大，半圆形，枝条粗壮，多年生枝条灰褐色，茎刺少。叶片大，长椭圆形或阔卵圆形，色浓绿。果实球形，单果重 300～400 克，最大果重 620 克，萼片朱红色，6～7 裂，果皮较厚，果面光洁，彩色浓红。心室 4～12 个，多数 6～8 个，单果籽粒约 563 粒，籽粒鲜红色或浓红色，百粒重 27.3 克，含可溶性固形物 15%～17%，风味浓甜而香。在当地 3 月下旬萌芽，花期 5 月上旬至 7 月上旬，9 月上中旬成熟。采前或采收期遇连阴雨易裂果。

（十）天 红 蛋

又名小叶石榴，原产自陕西省临潼市。树势强健，耐寒抗旱，树冠较大，半圆形，枝条细而密，皮灰褐色，茎刺多而硬。叶片小，披针形或椭圆形，色浓绿，花瓣鲜红色。果实扁圆形，单果重250～300克，最大果重457克，萼片6～8裂，多数反卷开张。果皮厚，果面较光滑，浓红色。心室5～12个，多数6～9个，单果籽粒约526粒，籽粒鲜红色，百粒重25.7克，核大而硬，含可溶性固形物14%～16%，风味甜带微酸。在当地3月下旬至4月上旬萌芽，花期5月上旬至7月上旬，9月中下旬成熟。采前或采收期遇连阴雨裂果较轻。

（十一）三白甜石榴

又名白净皮、白石榴，原产自陕西省临潼市。树势强旺，抗寒耐旱，树冠较大，半圆形，枝条粗壮，皮灰白色，茎刺稀少。叶大色绿，幼叶和叶柄及幼茎黄绿色。花萼、花瓣、籽粒、果皮黄白色至乳白色，故称三白。果实圆球形，单果重250～350克，最大果重505克，萼片6～7裂，多数直立抱合。果皮较薄，果面光洁，充分成熟时黄白色。心室4～12个，一般6～8个，单果籽粒约485粒，百粒重32.6克，含可溶性固形物15%～16%，风味浓甜具香味。在当地4月初萌芽，花期5月上旬至6月下旬，9月中下旬成熟。采收期遇连阴雨易裂果。

（十二）叶城大籽石榴

该品种原产自新疆维吾尔自治区叶城、塔什、疏附一带。树势强健，抗寒性极强，丰产，枝条直立，花鲜红色。果实较大，最大果重1000克，果皮薄，黄绿色。籽粒大，汁多，品质极上等。在当地9月中下旬成熟。

（十三）突尼斯石榴

树势中庸，枝较密，成枝率较强，幼嫩枝红色有四棱，刺枝少。叶长椭圆形，浓绿色。花红色，花瓣5～7片，总花量较大，完全花率34%左右。果实近圆球形，萼筒呈圆柱形，较低，萼片5～7裂，闭合。平均单果重406克，最大果重750克，果皮红色间有浅黄色条纹，子房 4～6 室，籽粒红色，核软可食，百粒重 56.2 克，可食率 61.9%，出汁率 91.4%，含可溶性固形物 15.5%、酸 0.29%，风味甜。在河南中部 8 月上中旬成熟，定植后 3 年挂果。冬季注意防冻。

（十四）汤碗石榴

又名龙潭汤碗石榴，原产自云南开远市。树高 4～8 米，树干粗糙，皮灰褐色。嫩枝四棱形，红绿色，停止生长的秋梢先端多形成刺枝。叶长椭圆形或倒卵圆形。1～5 朵花生于枝顶或叶腋，花红色。果实球形，单果重 500～700 克，最大果重 1 200 克，果皮薄，紫红色，萼筒钟形。籽粒大，核小，单果籽约 600 粒，百粒重 36.3 克，外种皮肉多汁，鲜红色，味甘甜，含可溶性固形物 13.5%。结果早、丰产，5 年生树株产 16～20 千克。在当地 9 月份成熟。

（十五）花红皮石榴

又名云南水蜜石榴，原产自云南省会泽县盐水河流域。树形开张，幼枝浅灰色，枝条无棱，平均单果重 404 克，纵径 8.1 厘米，横径 7.3 厘米。果皮黄色，具大片鲜红斑块，果锈少，萼筒呈圆柱形，中高，萼片闭合，心室 6～8 个，籽粒较大，百粒重 77 克，粉红色，较软。味浓甜，含可溶性固形物 15%、糖 13.1%、酸 0.84%。该品种的另一变异株籽粒色淡、核软，群众称之"糯石榴"。在当地 8 月中旬成熟。

（十六）甜绿子石榴

该品种原产自云南省蒙自及个旧地区。树势中等，树形半开张，2～3 个主枝，枝条灰绿色，具细纵条纹，无棱状突起，刺少。果实圆球形，萼筒钟形，高 1.5～1.8 厘米，平均单果重 248 克，纵径 7 厘米，横径 7.8 厘米。果皮黄绿色，具红条纹彩霞，果锈较多。心室7～8个，隔膜薄。籽粒大，百粒重52克，核小，淡红色。风味甜而爽口，含可溶性固形物13.8%、糖14.4%、酸0.45%。在当地7月底至8月初成熟，裂果轻，耐贮藏。

（十七）水晶汁石榴

该品种原产自云南省个旧地区。树势较强，树形半直立。成枝力强，枝条深灰绿色，粗壮无棱突。叶片大。果实圆球形，平均单果重230克，纵径7.1厘米，横径7.8厘米，萼筒钟状，高1.5～2厘米，萼片反卷开张。果皮厚，底色黄绿，果面光滑洁亮，并有大片红色彩霞。心室7～9个，隔膜薄，籽粒中等大，紫红色，可食率62.3%。风味甜，有轻微香味，含可溶性固形物14.8%。在当地8月份成熟，裂果轻。

（十八）青壳石榴

该品种原产自云南省巧家县。果实圆形，萼片7～8裂，开张。单果重404～700克，果面光洁，果皮厚约0.3厘米，青绿色，阳面紫红色。心室7～8个，单果籽粒554～871粒，籽粒大，略圆，水红色。汁液多，含糖13%、酸0.58%，味甜。在当地8～9月份成熟，不易裂果，耐贮藏。

（十九）铜壳石榴

该品种原产自云南省巧家县。果实球形，萼片6～7裂。平均单果重325克，最大果重400克以上，果皮较光滑而薄，底色黄绿，阳面红铜色，故称铜壳或铜皮。单果籽粒579～586粒，粒大而圆，黄白色，汁多味甜。当地8～9月份成熟，不易裂果，较耐贮藏。

（二十）青皮软籽石榴

该品种原产自四川省会理县。树冠半开张，树势强健。刺和萌蘗少，嫩梢红色，叶阔披针形，长 5.7～6.8 厘米，宽 2.3～3.2 厘米。花大，朱红色，花瓣 6 片，萼筒闭合。果实近圆球形，单果重 610～750 克，最大果重 1050 克。果皮厚约 0.5 厘米，青黄色，阳面红色或具淡红色晕带。心室 7～9 个，单果籽粒 300～600 粒，籽粒马齿状，水红色，核小而软，百粒重 51 克，可食率 55.2%。风味甜香，含可溶性固形物 16%、糖 11.7%、酸 0.98%。在当地 7 月末至 8 月上旬成熟，裂果少，耐贮藏。单株产量 50～150 千克，最高达 250 千克。

（二十一）会理红皮石榴

该品种原产自四川省会理县。树冠半开张，嫩枝淡红色，叶片稍厚，花朱红色。果实近球形，果面略有棱，平均单果重 530 克，纵径 9.5 厘米，横径 11.1 厘米，最大果重 610 克。果皮底色绿黄覆朱色红霞，阳面具胭脂红霞，萼筒周围色更深，果肩有油渍状锈斑。果皮厚约 0.5 厘米，组织较疏松，心室 7～9 个，单果籽粒约 517 粒，鲜红色，马齿状，核小较软，百粒重 54 克，可食率 44.1%。风味甜浓，有香味，含可溶性固形物 15%。在当地 7 月末至 8 月上旬成熟。

（二十二）红皮软籽石榴

树冠半开张，树形较紧凑，近圆头形。叶片较大，绿色。花朱红色。果实大，圆球形，平均单果重 400 克，最大果重 1000 克。果皮中厚，底色黄白，果皮鲜红色，阳面为胭脂红，果面光洁，外形美观。果粒大，百粒重 53～58 克，鲜红色，汁多味浓，籽粒透明，放射状宝石花纹多而密，味甜有香气。核小而软，含可溶性固形物 15% 以上，品质极优。7 月中下旬成熟，抗裂果。该品种抗逆性强，适宜推广，在山地、平地均可种植，早果性好，丰产、稳产。

（二十三）蒙阳红石榴

该品种色泽鲜艳，果实近圆形，果皮呈鲜红色，果面光洁、极美观，果皮薄、0.6厘米左右，籽粒鲜红色，粒大肉厚，百粒重57克。丰产性能强，栽后第二年每667米^{2}产量350千克左右，第三年达1000千克以上，9月下旬成熟。含可溶性固形物17%～19%，核半软，口感好，汁多，含果汁64%，品质极佳，并具有不裂果、耐贮存、口感甜而微酸等优良品性，素有果中珍品、石榴之王的美名。

第四章

育苗技术

石榴繁殖分有性繁殖和无性繁殖，有性繁殖即利用种子进行繁殖，又叫实生繁殖，但生产中一般采用扦插、压条、分株、嫁接等无性繁殖方法繁殖良种，无性繁殖的最大好处是可以保持品种的优良特性。

一、苗圃地选择与整理

（一）圃地选择

培育优质壮苗的理想苗圃地，应具备以下条件。

1. 地势平坦，交通方便　苗圃地应选在地势平坦的地块，在平原，地势低洼、排水不畅的地块不宜育苗。交通方便有利于物资和苗木调运。

2. 土壤肥沃　苗圃地要求土层深厚肥沃，苗圃土层要在 50 厘米以上、质地疏松，以 pH 值为 7.5～8 的壤土、沙壤土或轻黏土为宜。

3. 水源方便，无风沙危害　应有完善的排灌条件，背风向阳，有风障挡护，以防冬春两季风沙危害。在我国北方，4～6 月份早春阶段，正处于插穗愈伤组织形成、生根、发芽的关键时期，水分供应是育苗成败的关键。

4. 无危险性病虫害　苗圃地选在无危险性病虫源的地块上，如危害苗木严重的地老虎、蛴螬、石榴茎窗蛾、干腐病等，育苗前必须采取有效措施预防。

（二）圃地规划与整理

1. 圃地规划　规划设计内容主要为作业区划分，其中苗木繁育占地 95%，防护林占地 3%，道路占地 1%，排灌系统及基本建设占地 1%。

2. 整地与施肥　苗圃地要利用机械或人力平整土地，在秋末冬初进行深耕，其深度在 50 厘米左右，深耕后做垄越冬，以便土壤风化，并利用冬季低温冻死地下越冬害虫。翌年 2 月末至 3 月初将地耙平，每 667 米² 施入优质农家肥约 5 000 千克、磷肥 50 千克。然后浅耕 25～30 厘米，细耙平整做畦。浅耕和浅施基肥在石榴育苗技术中是一个非常有效的措施，因为 1 年生苗木的大部分根系分布在距地表 20～30 厘米的土层中，浅施肥可以使根系充分吸收表层土壤养分，促苗木健壮生长。

石榴扦插繁殖一般采用地膜覆盖的育苗方法，苗圃地做畦宽 1.8 米、长 10～20 米（山地、丘陵因地制宜），畦埂宽 20 厘米、高 15 厘米左右。平畦育苗，便于浇水，有利于提高发芽率和成活率。

二、繁殖方法

（一）有性繁殖

石榴一般不用种子繁殖育苗，但对矮生、小叶观赏石榴，或进行石榴育种时，则须进行种子繁殖。

1. 采种　采种树应是 3 年生以上石榴树。秋季，选取果形端正、无病虫害、色泽好、完全成熟的果实。采收后，放入通风良好的室内后熟2～3天，再取籽粒。揉搓、冲洗干净后装入纱布袋内，用清水冲洗2～3遍，洗净后放在阴凉通风处晾干，保存备用。

2. 种子沙藏 石榴种子种皮坚硬，需经沙藏、催芽处理，使种皮开裂才能播种。沙藏催芽方法是将种子与湿沙（沙土湿度以手握成团，一触即散为度）按1∶2的比例混合，装入瓦盆，最上端用湿沙堆成馒头形，然后选择背风向阳、地势较高的地方，埋入土层中，深度以0.3～0.5米为宜。翌年3月上旬取出，筛除沙土后播种。

3. 苗期管理 选择向阳、排灌方便的地块建立播种床，施入优质的腐熟农家肥，耕翻碎平，做成宽1米的床，上面覆盖地膜。育苗时沿畦宽方向，在苗床上开行距20厘米、深1～2厘米的播种沟，将种子按2～3厘米株距撒入沟内，覆土平沟，用手稍镇压，使种子与土壤接实。出苗前，经常向苗床洒水保持湿度，使种子尽快发芽并且出苗整齐。

（二）无性繁殖

石榴繁殖的主要方法是扦插，根据插条的长短可分为长枝扦插和短枝扦插；根据扦插的时间不同可分为硬枝扦插和绿枝扦插。

1. 扦插繁殖

（1）母株和插条的选择 在发育良好、无病虫害的结果树上采取插条。由于插条的年龄和生长情况直接影响将来树冠的发育、结果的早晚和产量的多少。因此，在选好的母株上采健壮、灰白色、树冠上部1～2年生枝为最好。插条的粗度以0.5～1厘米为宜，插条的下部刺针愈多愈好，刺枝多、发根多。插条采好后应剪去茎刺，每100～200根打成1捆，拴上标明品种的塑料标签或木制标签，然后运往苗圃地，分品种用湿沙埋入沟内封存贮藏。

（2）扦插时期 只要温、湿度合适，四季均可，但由于地区不同，扦插适期有所变化，在北方以春秋两季为好，春季即在解冻后至开花前，秋季则以 10～11 月份较好，同时秋插又比春插好，因为插条养分足，气温低，水分不易蒸发，有利于生根成活。但秋插过早，易于抽条，冬季易被冻死，一般秋插用于直接建园。

（3）扦插方法

①长枝插　多用于直接建园或庭院内少量繁殖。先在新建园内以栽植点为中心，挖直径 60～70 厘米、深 50～60 厘米的栽植坑，坑内填土杂肥和表层熟土的混合土。每穴插 2～3 根、80～100 厘米长的 1～2 年生插条，插条与地面夹角呈 50°～60°，入土深 40～50 厘米，边填边踏实，修好土埂，浇水，覆盖地膜或覆盖碎草保墒。

②短枝插　插条利用率高，可充分利用修剪时获得的枝条进行繁殖。插前先将刚剪下或贮存在湿沙中的插条取出，冲去泥沙，剪去基部 3～5 厘米失水霉变部分，再自下而上将插条剪成长 12～15 厘米、有 2～3 对节的短枝。短枝的下端剪成斜面，上端距芽眼 0.5～1 厘米处平剪。短插枝剪好后立即浸入清水中浸泡 12～24 小时，使插条充分吸水，然后再用市售 ABT 2 号生根粉配成 50 毫克/升的溶液中浸泡 2 小时，或用萘乙酸 600～800 倍液快蘸 3～5 秒钟，促进生根。扦插时在畦内，株、行距为 25 厘米×3 厘米，斜面向下插入土中，插前先用木棍穿破地膜，防止插条先端剪口被地膜盖住而发霉腐烂。上端芽眼高出畦面 1～2 厘米。插完后顺行踏实，随即记录扦插品种、数量、位置、时间等，最后浇 1 次透水，使插条与土密接。

③绿枝扦插　是在生长季节利用木质化或半木质化绿枝插枝繁殖的方法。陕西临潼、四川、云南等地多在 8～9 月份雨季时进行。插枝长度因扦插目的而不同，大量育苗时插枝长 15～20 厘米，保留上部 1 对绿叶，从距上端芽 1 厘米处剪成平茬，下端剪成光滑斜面。剪好的短枝放到清水中浸泡，或再用 ABT 2 号生

根粉 50 毫克/升的溶液，将插枝下端 2～4 厘米浸泡 1～2 小时取出，用湿布包好，尽快插到有遮阴设备的、以河沙为基质的苗床里。以后每天早、晚各洒水 1 次，以保持土壤水分，待苗生根、长新枝叶后逐步撤去荫棚。

2. 压条繁殖　即利用根际所生根蘖，于春季压于土中，至秋季即可成苗。一般在干旱地区应用较多，成活容易。

3. 分株繁殖　南北各地均有应用，即选优良品种根部发生较健壮的根蘖苗，另起行栽植，一般以春季分株较为适宜，分后即可定植。

4. 嫁接繁殖　石榴嫁接繁殖常在杂交育种、园艺观赏、品种改良中应用。通过嫁接可使杂种后代提早开花结果；同一植株上有不同品种花、果，提高观赏价值；劣质品种改接为优良品种等。

（1）**嫁接方法**　在石榴嫁接繁殖中，主要方法有芽接和枝接。

①芽接法　"丁"字形芽接："丁"字形芽接法是应用较多的方法，具有节省接穗、技术简便、成活率高等优点。芽接时间在 7～8 月份，选择生长粗壮、无病虫害、根系发达的植株作砧木。采集当年生长发育良好的枝条为接穗。

嫁接时，在砧木 2 年生枝上离地面 10 厘米处，选光滑无疤处用芽接刀先横切一刀，再从横切刀口中间向下纵切一刀，长约 1 厘米，深达木质部。用刀尖把两边皮层剥开一点，以便插芽。再从接穗上切取带 1 个长约 2 厘米的芽片，迅速插入砧木切口，然后用塑料薄膜条等捆绑材料将芽片缠紧绑好，露叶柄或芽苞，这样就完成了"丁"字形芽接。

嵌芽接：芽片带少量木质部，嵌芽接时间长，从萌芽前后至秋季接穗木质化的生长季内均可进行。从良种树上剪取 1～2 年生无病虫健壮枝，剪去二次枝、叶片，保留叶柄，分品种用湿布或塑料膜包好，放在冷凉处备用。嫁接时取出接穗，从接芽上部 1～2 厘米处，呈 45°角，带少量木质向下纵切越过芽体 1～2 厘米，再从芽的下部 1.5 厘米处向下斜向木质部横切，取下楔状芽片。在砧木距地面5～10厘米处，选平整光滑部位，与削取接芽方法相同，由上而下带少量木质部，削出比芽片略长的切面，然后将楔状芽片嵌入砧木切口，对准形成层，使芽片上部砧木的切口稍露白，再用塑料薄膜条自下而上包扎紧，包扎时应将叶柄露出。嫁接后10～15天检查成活，未接活者进行补接。8月中旬前成活的可剪去接芽上部砧木，促使接芽萌发。8月中旬后成活的不宜剪砧，防止新枝冻死。

②枝接法　石榴嫁接用得最多的是皮下接、切接、劈接等枝接法。

皮下枝接：是枝接中技术最简单、成活率比较高的一种。在砧木萌芽、树皮易于剥离时进行。先在砧木上距地面10厘米处，选光滑无疤处垂直锯断，用刀将断面削光。然后从接穗下端有芽的对面削一个长3～4厘米长的马耳形大削面，翻转接穗，在大削面的背侧削一个三角形小削面，并用刀轻刮大削面两侧粗皮至露绿。接穗削好后留2～4个芽剪断。接着在砧木断面上垂直竖切一刀，深达木质部，长2～3厘米。竖口切好后随即用刀刃轻撬，使皮层与木质部轻微分开，再将接穗对准切口，大削面向着木质部慢慢插入，直至大削面在锯口上露0.5厘米左右白色为止。如果砧木较粗，可在每个砧木断面插2～4个接穗，接穗插好后用塑料薄膜将接口处包严、绑紧，最后给每一接穗上套一塑料薄膜袋，将接穗完全套入，并从下端扎紧。

切接：当砧木皮不易剥离时采用。具有操作简便、成活率高等优点。先在砧木距地面10厘米处，选光滑无疤处垂直锯断，用刀将断面削光，在横断面上木质部外侧，带少量木质向下纵切，深度比接穗削面略长，一般4～5厘米。然后从接穗下端芽的一侧过髓心削一长3～4厘米的光滑削面，再从长削面的对侧削一马蹄形小斜面，并留2～4个芽剪断。接穗削好后，把长削面向着砧木髓心的里面插入切口，使接穗与砧木形成层对齐。当砧、穗粗度相差悬殊时，至少对齐一侧，才易成活。插接穗时同样留出 0.5 厘米的削面（露白）。接穗插好后，用塑料薄膜把接口绑紧、包严。接穗上套塑料薄膜袋。

劈接：此法是枝接中常用的嫁接方法，具有嫁接时间长、接活后生长旺、不易风折的优点。多用于直径 3～5 厘米粗的砧木换头或苗圃内实生苗改接良种苗。具体做法是先在砧木距地面 10 厘米处，选光滑无疤处垂直锯断，用刀将断面削光，再用劈接刀从砧木中心向下纵切。切口要光滑平直，深度比接穗削面略长，一般 4～5 厘米。削接穗时，要从下部芽的两侧各削一光滑大斜面，两侧斜面削成后，使接穗成为外侧略厚于内侧的楔形，削面长 3～4 厘米。每个接穗留 2～4 对芽剪断。接穗削成后，用刀背将切口撬开，把接穗插入切口，使接穗、砧木形成层对齐，并注意露白 0.5 厘米。一般情况下，每个切口插入 1 个接穗，如果砧木较粗，也可将砧木断面"十"字形劈开，插入 2～4 个接穗。接后包扎、绑严，与切接法完全相同。

石榴皮层薄，单宁含量高，影响嫁接成活率，因此在嫁接操作中，动作要快捷，使切口和芽片在空气中暴露时间最短，以提高成活率。

（2）苗期管理

①扦插苗的管理　春季扦插后，插条还没有生根，管理以保持土壤湿润为主。生长初期的管理应以松土、除草、保墒、增温为主，一般松土除草 2～3 次。土壤干旱及时灌水，灌后随即松土、保墒。加强苗木速生期的肥水管理是获得壮苗的关键。此时正值我国北方的雨季，气温高、雨水充沛、湿度大，是苗木生长的最适时期。从 6 月下旬开始，每隔 10 天每 667 米^{2}施尿素 5～7 千克。进入 9 月份以后，叶面可喷洒 0.2% 磷酸二氢钾溶液 1～3 次，催苗健壮。此期还要注意防治石榴茎窗蛾、黄刺蛾、大袋蛾等害虫，可人工捕杀或喷洒 20% 氰戊菊酯乳油 3 000 倍液等杀虫剂。

②嫁接苗的管理　换头树高接后的管理，对接穗成活、树冠恢复和翌年结果多少影响很大。一般情况下，接后 15～30 天接

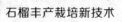
穗相继成活萌发新枝。高接后的主要管理如下。

除萌蘖：高接后至接穗萌芽前，要随时抹除砧木上的萌芽。接穗成活后，继续抹除萌蘖，以免因萌蘖生长争夺营养和水分，造成接穗生长不良或死亡。

检查苗木成活情况：嫁接 15 天后要注意检查成活情况，当接穗萌芽开始生长新枝时，要及时取掉塑料薄膜袋，避免新梢不能长出而影响成活。

设支柱：成活后长出的新枝，由于尚未愈合牢固，容易被风吹断。因此，当新梢 15～20 厘米长时，在砧木上绑一根长 50～60 厘米的木棍作支柱，使其另一端伸向接穗之间。然后用细绳把成活的接穗从基部用活扣绑到木棍上，当新梢长至 40～50 厘米时，再于新梢的中下部用活扣固定到木棍上，即可有效地防止风害。

补接：嫁接 15 天后检查成活时，当发现接口上所有接穗全部皱皮、发黑、干缩，则说明接穗已死，需要补接。补接时可用原贮藏接穗，也可从结果树上剪取萌芽少的枝。嫁接时将原接砧木向下截去一段，再行嫁接。

三、苗木出圃

（一）出圃时间

苗木出圃时间多在冬季落叶后、土壤封冻前的 11 月上旬至 12 月份，或春季土壤解冻后树体芽萌动前的 2 月下旬至 3 月下旬。

（二）起苗方法

起苗时先用铁锹顺苗行从一侧倾斜 45°，深扎 20～30 厘米切断苗根，再从苗另一侧（从距苗干 10～20 厘米处）垂直扎下，切断侧根将苗掘起。起苗过程中注意不可将侧根撕下或铲伤大根。苗起出后剪去多余细弱枝，只保留1个生长健壮的主茎，同时进行产地检疫和分级。

（三）苗木分级

苗木出圃后，按照苗木不同苗龄、高度、地径、根系状况进行分级。根据河南省石榴苗木生产和建园用苗的现状，其苗木分级标准见表4-1。

表4-1 石榴苗木地方分级标准

苗龄	等级	苗高（厘米）	地径（厘米）	侧根条数（条）	根幅（厘米）	备注
1年生	1	80～100	0.8～1.0	6	40	无伤根
	2	65～84	0.6～0.7	4～5	40	无伤根
	3	50～64	0.4～0.5	2～3	30	少数伤根
2年生	1	105～120	1.0～1.2	10	50	无伤根
	2	85～104	0.8～0.9	8～9	50	无伤根
	3	60～84	0.6～0.7	6～7	40	少数伤根

注：上述所列分组标准是以单干苗为标准而制定的。但石榴干性差，多无主干而呈丛状。对于多干苗的高度、地径粗，可相互类比降低，但侧根数不变。

（四）苗木假植

苗木经修剪、分级后，若不能及时栽植，要就地按品种、苗龄分级假植。假植地应选择在背风向阳、地势平坦高燥的地方。先从假植地块的南端始挖东西走向宽、深各40厘米、长15～20米的假植沟，挖出的土堆放于沟的南侧。待第一假植沟挖成后，将苗木根北梢、南根倾斜排放于沟内。然后开挖第二条假植沟，其沟土翻入前假植沟内覆盖苗2/3高度，厚8～10厘米。如此反复，直至苗木假植完为止，假植好后要浇水1次。这种假植方法

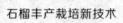

主要是为了防止冬季北风侵入假植沟内，保护苗木不受冻害。在假植期要经常检查，一防受冻，二防苗木失水干死，三防发生霉烂。

（五）苗木检疫与包装运输

在苗木调运前，应向当地县以上植物检疫部门申请苗木检疫，苗木检疫的目的是保障石榴生产安全，防止毁灭性的病虫害传入新建园地区，凭检疫证调运。

石榴种苗检疫的对象，国家没有明文规定，但根据国内各产区情况，应注意几种病虫的检疫，尽量避免传播，害虫为茎窗蛾、豹纹木蠹蛾，病害为干腐病。

苗木检疫样苗提取后，逐株从苗梢向下至苗干检查茎窗蛾危害后留下的排粪孔和粪便残留物。用手指从根颈向上掐捏苗干（地径以上 10 厘米内）松软状况或粪便以发现豹纹木蠹蛾，然后解剖苗干，捉取它们的越冬幼虫或蛹。在现场用肉眼或放大镜观察苗木枝干的色泽，检查干腐病，若不能断定，可携回苗木送实验室鉴定。

冬、春季苗木调运过程中，要做好防冻保湿措施。苗木包装是依据苗木大小，每 50～100 株 1 捆，将根部蘸泥浆后用麻袋或编织袋包苗根，每捆苗木上附记有品种、数量、苗龄、分级、产地、日期的标签 2 枚。苗木运输途中加盖篷布，以防风吹日晒。苗木到达目的地后，若不能马上栽植要及时假植。

第五章

石榴优质高产栽培

一、建 园

石榴树栽植前，要做好建园地点的选择、规划和土壤改良，做到合理规划，科学建园。选择适宜建园的地点，先要考虑石榴树的生态适应性和对气候、土壤、地势、植被等自然条件的要求。果园的规划，特别是大型石榴园要注意做好小区、防护林、道路、排灌系统等的全面规划。

（一）园址选择

无公害石榴产地的环境条件应符合 GB／T 18407.2—2001 标准的要求。一般选在土层深厚（厚度不小于 60 厘米）、通透性好、地势高、排水方便、有灌溉条件的地方；土质以疏松、肥沃的壤土、沙壤土为好，有机质含量最好在 1.5% 以上，土壤 pH 值为 6.5 左右，地下水位在 1 米以下。在山区建园宜选在阳坡土层深厚的地方。必须远离火力发电厂、化工、水泥厂、农药厂、冶炼厂、炼焦厂等污染源，以减少粉尘、二氧化硫、二氧化氮及氟化物的污染，并具有可持续生产能力的农业生产区域。

1. 产地环境空气质量　应符合国家标准《农产品安全质量无公害水果产地环境要求》（GB／T 18407.2—2001）。无公害水果产地环境空气中总悬浮颗粒物、二氧化硫、氮氧化物、氟化物和铅等 5 种污染物的含量应符合表 5-1 的要求。

表 5-1　无公害果园要求空气质量指标

项　目	季平均	月平均	日平均	1 小时平均
总悬浮颗粒物（标准状态）（毫克米 ^{3}）	—	—	≤ 0.30	—
二氧化硫（标准状态）（毫克 / 米 ^{3}）	—	—	≤ 0.15	≤ 0.50
氮氧化物（标准状态）（毫克 / 米 ^{3}）	—	—	≤ 0.12	≤ 0.24
氟化物（标准状态）（微克 / 米 ^{3}）	—	≤ 10	—	—
铅（标准状态）（微克 / 米 ^{3}）	≤ 1.5			

2. 园地灌溉水质量　无公害石榴果品生产基地用水要求清洁无毒，应符合国家标准《农产品安全质量　无公害水果产地环境要求》（GB / T 18407.2—2001），对无公害果品生产用水的要求。无公害水果生产灌溉用水的 pH 值及氟化物、氰化物、汞、砷、铅、镉、六价铬、石油类等 9 类污染物的含量应符合一定要求（表 5-2）。要由法定检测机构对水质进行定期监测评价，灌溉期间采样点应选在灌溉水口上；氟化物的指标数值为一次测定的最高值，其他各项指标为灌溉期多次测定的平均值。

表 5-2　无公害果园灌溉水各项污染物的浓度限值

项　目	指　标
pH 值	5.5～8.5
总汞（毫克 / 升）	≤ 0.001
总镉（毫克 / 升）	≤ 0.005
总砷（毫克 / 升）	≤ 0.05
总铅（毫克 / 升）	≤ 0.10
铬（六价）（毫克 / 升）	≤ 0.10

续表 5-2

项　目	指　标
氟化物（毫克/升）	≤ 3.0
氰化物（毫克/升）	≤ 0.50
石油类（毫克/升）	≤ 10

3. 园地土壤环境质量　根据我国国家标准《农产品安全质量　无公害水果产地环境要求》（GB/T 1840 7.2—2001），无公害水果产地土壤环境中汞、砷、铅、镉、铬 5 种重金属及六六六和 DDT 的含量应符合表 5-3 的要求。

表 5-3　无公害水果产地土壤环境质量指标

项　目	指标（毫克/千克）		
	pH 值＜ 6.5	pH 值 6.5～7.5	pH 值＞ 7.5
总　汞	0.3	0.5	1.0
总　砷	40	30	25
总　铅	250	300	350
总　镉	0.3	0.3	0.6
铬（六价）	150	200	250
六六六	0.5	0.5	0.5
DDT	0.5	0.5	0.5

土壤必测项目是汞、镉、铅、砷、铬 5 种重金属和六六六、DDT 等 2 种农药以及 pH 值。一般 1～2 公顷为 1 个采样单元，采样深度为 0～60 厘米，多点混合（5 点）为 1 个土壤样品。检测标准为：2 种农药残留标准均不得超过 0.5 毫克/千克，5 种重金属的残留标准因土质不同而异。

（二）园地规划

1. 小区　小区是石榴园中的基本单位，其大小依地形、地势、自然条件而不同。山地诸因子复杂、变化大，小区面积一般为1.3～2公顷，有利于水土保持和管理。丘陵区2～3公顷，形状采用2：1或5：2或5：3的长方形，以利于耕作和管理，但长边要与等高线走向平行，并与等高线弯度相适应，以减少土壤冲刷。

平地果园的地形、土壤等自然条件变化较小，小区面积以利于耕作和管理为原则，可定在3～6公顷。

2. 防护林　营造果园防护林，能防止和减少风沙、旱、寒对石榴树造成的危害和侵袭，起到降风速、减少土壤水分蒸发、保持水土、减弱寒流影响、调节温度的作用。防护林的防护效果是非常明显的。林带防护范围，迎风面的有效防护距离一般为树高的3倍，背风面为树高的15倍，两项合计为树高的18倍。因此，林带有效防护距离为树高的18倍可作为设计林带间距的依据。

果园防护林根据设置位置，分山地果园防护林和平原沙地果园防护林。山地果园防护林主要为防止土壤冲刷，减少水土流失，涵养水源，一般由5～8行（灌木2行）组成，风大地区行数适当增加。林带距离根据山势灵活确定，一般为400～600米，带内株、行距为1～1.5米×1.5～2米，尽量利用分水岭、沟边栽树，行向以能够挡风为好。平原沙地栽植防护林的主要目的是防风固沙，在建园前或建园时营造，主林带与本地区多风季节的风向垂直，采用防护效果好的疏透结构，带宽10～15米，植树3～6行，两侧边行内配置灌木，以提高防护效果，林带间距200～250米，副林带距离350米。防护树种的选择要因地制宜，并考虑经济效益，平原沙区可选用速生树种杨、柳、槐、梧桐等乔木树种，丘陵、山地宜选用毛白杨、槐、椿等，灌木树种多利用紫穗槐、花椒、荆条、酸枣等。

3. 园内道路和灌排系统　为了果园管理、运输和灌排方便，应根据需要设置宽度不同的道路，道路分主路、支路和小路3级。灌排系统包括干渠、支渠和园内灌水沟。道路和灌排系统的设计要合理，并与防护林带相互配合，原则是使土地得到最大利用，节约利用土地。平原地区果园的排水系统要与浇水沟结合并用。山地果园的浇水渠道应与等高线一致，最好采用半填半挖式，可以灌排兼用，也可单独设排水沟，一般在果园的上部设0.6～1米宽、深适度的拦水沟，直通自然沟，拦排山上下泄的洪水。

（三）苗木栽植

1. 园地准备与土壤改良　建园前要根据土壤情况对土壤进行适当地改良，尤其山地丘陵要搞好水土保持工作，为果树创造一个适宜生长和便于管理的环境。先改土后栽树是栽好石榴树、提早进入丰产期并取得持续高产、稳产、优质的基础。

新建果园，特别是丘陵山地果园，通过深翻熟化改良土壤，加深土层，改善土壤结构和理化性能，为石榴根系生长发育创造适宜的环境条件。土壤熟化的主要措施是深翻与施有机肥。深翻可以使表土与心土交换位置，加深和改良耕作层，增加土壤孔隙度，提高持水量，促进石榴树根系发育良好。熟化土壤的肥料最好是用腐熟的有机肥和新鲜的绿肥，每667米^{2}施250～5 000千克。可集中施于定植穴附近，以后再逐年扩大熟化范围。山地、丘陵果园在做好水土保持工程之后、栽植石榴树之前，种植两季绿肥，结合深翻翻入土壤之中效果更好。深翻结合增施有机肥料，可以加速土壤的熟化和改良过程，促进石榴树的生长发育，对提前结果和后期丰产作用很大。

2. 品种选择和配置

（1）品种选择原则　一是要选栽优良品种。我国各石榴产区都有许多优良品种，要优中选优，并加以利用。在引种时，新发展区要根据当地气候、地势、土壤及栽培目的、市场情况、风俗习惯等综合情况引进高产、优质、抗病虫、耐贮运的品种。二是石榴园的品种注意不要单一化，特别是较大型果园，还应考虑早、中、晚熟品种的搭配，以调节劳动力，便于管理，并可调节市场供应时间，延长鲜果供应期，有利于销售。三是考虑石榴生产的主要目的。以鲜果销售为主的发展鲜食品种，以加工为主的发展加工（如酸石榴）品种，以观光旅游为主的发展观赏鲜食兼用型品种，以花卉生产为主的发展观赏型品种。

（2）**品种搭配方式**　果园品种数量的配置以 2～3 个为宜。选择与主要栽培目的相近、综合性状优良、商品价值高的品种为主栽品种，另搭配选用适应当地环境条件、抗逆性强的优良品种。特别注意选择商品价值高、丰产、抗逆性强的品种。良种具备早产、丰产的潜力和市场畅销的果实品质，即果实外形红色、大果、果皮光滑鲜亮、籽粒大、味浓甜、汁液多和软籽等特性。同时，也要考虑到不同品种的不同成熟期，应早、中、晚熟品种按一定比例搭配。

（3）**授粉树的配置**　石榴为雌雄同花，无论是自交还是杂交均可以完成授粉受精作用。但有些品种花粉量较小，配置花粉量大的品种可以提高坐果率。因此，石榴园要避免品种单一化，如果授粉树的综合性状很优良，比例可以大些；反之，则小些。一般授粉品种和主栽品种的比例控制在 1:8。

3. 栽植密度　栽植密度的确定要做到既要发挥品种个体生产潜力，又要有一个良好的群体结构，达到早期丰产、高产、稳产的目的。合理密植可以充分利用太阳能和土地，是提高单位面积产量的有效措施。

（1）**不同肥力条件的种植密度**　不同肥力条件对石榴树个体发育影响较大，如土层深厚肥沃的土地，树体发育良好，树势强，树冠大，种植密度宜小；反之，种植密度应大些。不同肥力条件的密度见表5-4。

表5-4　不同土壤肥力条件参考种植密度

肥　力	株距×行距（米）	密度（株/667米^2）
上等肥力	4×3	50
	5×4	33
中等肥力	4×2.5	66
	4×2	83
旱薄地	3×2	111
	3.5×2	95

（2）不同栽植模式的种植密度

①果粮间作园　以粮食生产、防风固沙及水土保持为主要目的，一般株距2～3米、行距20～30米，丘陵山地梯田根据山地具体情况而定。这种间作模式因果树分散，管理粗放，产量较低。

②庭院和"四旁"栽植　果用和观赏兼有，密度灵活掌握。

③合理密植　密植方式分为永久性密植和计划性密植2种。一是永久性密植。根据气候、土壤肥力、管理水平、品种特性和生产潜力等情况一步到位，定植时将密度确定下来，中途不再变动。这种密植方法因考虑到后期树冠大小、郁闭程度，故密度不宜过大。由于前期树小，单位面积产量较低，但用苗量少，成本较低，且省工省时，低龄期树行间还可间作其他低秆作物。二是计划性密植。分期达到永久性密植株数，解决了早期丰产性差的问题，针对加密株的处理方式分间伐型和间移型2种。间移型指在高密度定植后田间出现郁闭时，有计划地去除多余主干，使其成为规范的单干密植园。在管理上，一株树选留一主干培养成永久干，对永久干以外的主干，采用拉、压、造伤等措施，控长促花，促使早期结果，当与永久主干相矛盾时，适当回缩逐步疏除。间伐型指在定植时，有计划地在株间或行间增加栽植株数，分临时株和永久株。如建立一个株、行距为2米×3米的密植园，计划成年树行、株距为4米×3米。对确定的永久株和临时株，

在管理上应有所区别。对临时株在保证树体生长健壮的基础上，多采用促花、保果措施，使其早结果，以弥补幼树在早期低产的缺陷。对永久株，早期注意培养牢固的骨架和良好的树形，适时促花保果。当临时株与永久株生长出现矛盾时，对临时株的枝条进行适当回缩，让永久株逐步占据空间，渐次缩小直至取消临时株。利用石榴树大树移栽易成活的特点，待其在生长中的作用充分发挥后，可将临时株间移出去。

无论哪种计划密植栽培形式，定植后的管理都应严格区分永久株、临时株的栽培措施和目的，以发挥其最大效益。

4. 栽植技术

（1）栽植时间　石榴栽植时间可在 3～4 月份，萌芽前或秋末冬初种植，但以秋末冬初的 10 月中旬至 11 月底种植为好，此时雨季尚未结束，可减少浇水次数。秋、冬种植时，苗木地上部分接近停长，苗体内养分进行积累，而根系还未停长，此时种植缓苗期短，春季萌芽早，新梢生长快。

（2）种植方法　种植前先按选定的株、行距定好点，然后挖深 60 厘米、直径 80 厘米的圆形种植穴，挖时要把心土和表土分开放置。每穴施入腐熟农家肥 25～50 千克、过磷酸钙 1 千克，先把农家肥与过磷酸钙混合后再与表土混合填入穴内，将心土填在上部呈馒头状。种植时将苗放入定植穴中间，使根系自然伸展，填土时先填表土，然后填心土，一边填土一边轻轻提苗，并将土踏实与根系紧密接触。浇透定根水，然后用薄膜或作物秸秆覆盖保墒，种植深度以栽种时根颈部略高于地面、待穴内浇水沉实后根颈与地面相平为宜。

二、土肥水管理

土肥水管理的目的是创造适宜于石榴树根系生长的良好环境。合理的土壤管理制度，能够改良土壤的理化性状，防止杂草滋生，防止水分的不足，促进微生物的活动，从而提高土壤肥力，给石榴树生长、发育提供所必需的营养。石榴树生长的强弱、产量的高低和果实品质的优劣，在很大程度上取决于土肥水管理是否合理。

（一）土壤管理

1. 深翻扩穴 土壤是石榴树生长的基础，根系吸收营养物质和水分都是通过土壤来进行的。土层的厚薄、土壤质地的优劣和肥力的高低，都直接影响石榴树的生长发育。加强土壤改良，给石榴树生长创造一个深、松、肥的土壤环境，是早果、丰产、稳产和优质的基本条件。逐年深翻和扩穴施肥改土，是创造深、松、肥土壤条件的有效措施。

（1）**深翻** 成年果园一般土壤坚实板结，根系已布满全园，为避免弄断大根及伤根过多，可在树冠外围进行条沟状或放射状深翻，也可采用隔株或隔行深翻，分年进行。

深翻时间一般在落叶后、封冻前进行。要结合深翻施入有机肥料，以增加土壤有机质。深翻的主要作用：一是改善土壤理化性状，提高其肥力。二是翻出越冬害虫，以便被鸟类食掉或在空气中被冻死，降低害虫越冬基数，减轻翌年危害。三是铲除浮根，促使根系下扎，提高植株的抗逆能力。四是石榴树根蘖较多，消耗大量的水分、养分，结合深翻，剪掉根蘖，使养分集中供应树体生长。

（2）**扩穴** 在幼树定植后几年内，随着树冠的扩大和根系的延伸，在定植沟或定植穴石榴树根际外围进行深翻扩穴。沿树盘挖深30厘米、宽40厘米的环状沟，施入有机肥。

2. 果园间作及中耕除草

（1）**果园间作** 幼龄果园石榴树体较小，株、行间空隙地多，合理间作可以提高土地利用率，增加效益，以短养长，以园养园。成年石榴园种植覆盖作物或种植绿肥，也可以果园间作，但目的在于增加土壤有机质，提高土壤肥力。

果园间作的根本出发点，在考虑提高土地利用率的同时，要注意有利于果树的生长和早期丰产，且有利于提高土壤肥力。切忌"喧宾夺主"，只顾间作，不顾石榴树的生长。

石榴园可间作蔬菜、花生、豆科作物、禾谷类、药材、绿肥等低秆作物，也可以进行园艺植物育苗，但必须是低秆类型。石榴园不可间作高秆作物，如高粱、玉米等，也不能间作如瓜类或其他藤本植物，同时间作作物应不具有与石榴相同的病虫害或中间寄主。长期连作易造成病原菌在土壤中积累过多，对石榴树和间作作物生长发育均不利，因此要进行轮作和换茬。

总之，因地制宜地选择优良间作作物和加强果粮的管理，是获得果粮双丰收的重要条件之一。一般山地、丘陵、黄土高地等土质瘠薄的果园，可间作耐旱、耐瘠薄等适应性强的作物，如谷子、豆类、绿肥作物等；平原沙地果园，可间作花生、绿肥等；城市郊区平地果园，一般土层厚、土质肥沃、肥水条件较好，除间作粮油作物外，还可间作菜类和药材类植物，也可间作草莓，以获得更好的经济效益。间作形式一年一茬或一年两茬均可。为缓和间作作物与石榴树的肥水矛盾，树行应留出 1 米宽的营养带。

（2）**中耕除草**　中耕除草是石榴园管理中的一项经常性的工作。目的在于防止和减少石榴树生长期间杂草与果树竞争养分与水分，同时减少土壤水分蒸发、疏松土壤、改善土壤通气状况，促进土壤微生物活动，有利于难溶状态养分的分解，提高土壤肥力。在雨后或浇水后进行中耕，可防止土壤板结，增强其蓄水、保水能力。因而在生长期要做到"有草必锄，雨后必锄，浇水后必锄"。

中耕锄草的次数应根据气候、土壤和杂草多少而定，一般全年可进行 4～8 次，有间作作物的，结合间作作物的管理进行。中耕深度以 6～10 厘米为宜，以除去杂草、切断土壤毛细管为度。树盘内的土壤应经常保持疏松、无草状态，树盘土壤只宜浅耕，过深易伤根系，对石榴树生长不利。

为了省工和降低生产成本，可根据石榴园杂草种类使用除草剂，以消灭杂草。化学除草剂的种类很多，性能各异。根据其对植物作用的方式，可分为灭生性除草剂和选择性除草剂。灭生性除草剂对所有植物都有毒性，如五氯酚钠、百草枯等，石榴园采用选择性除草剂是在一定剂量范围内，对一定类型或种属的植物有毒性，而对另一些类型或种属的植物无毒性或毒性很低，如扑草净、利谷隆、除草醚等。所以，使用除草剂前，必须先了解除草剂的效果、使用方法，并根据石榴园杂草对除草剂的敏感程度及耐受性等决定选用除草剂的种类、浓度和用药量。

3. 果园覆盖 果园覆盖，特别是树盘覆盖，可以防止土壤水分蒸发，防旱保湿，缩小土壤温度变化幅度，有利于根系生长，还可减少地面径流，防止水土流失。覆盖物腐烂后，还能增加土壤中有机质含量，从而提高土壤肥力。

覆盖材料很多，如厩肥、马粪、落叶、秸秆、杂草、锯末、泥炭、河泥及种植覆盖绿肥作物等。近年来，地膜覆盖果园土壤已得到应用，具有明显的增温保墒、增强光照、抑制杂草、改变果园土壤理化性质等作用。覆盖时期和材料与覆盖目的有关，为了防寒，则在冬季或早春覆盖地膜；为了防旱，则在旱季来临前覆盖碎草或地膜加草；为了防止土壤返碱，则在春季气温升高、蒸发量大增时覆盖地膜加碎草。当覆盖目的达到后，应及时撤除地膜或翻压绿肥作物等，以防鼠类及地下虫害等滋生伤及根系生长。

（1）绿肥覆盖 在石榴生长前期（4～6月份），对树盘土壤实行清耕，保持土壤疏松透气，无杂草，且有一定湿度。在树行间及时播种当地适合生长的绿肥作物，幼果膨大期高留茬，刈割覆盖到树盘内，降温保墒，晚秋时节作基肥翻入土中。

（2）秸秆覆盖 为了减少果园土壤水分蒸发和雨水冲刷引起水分和养分的流失，增加土壤肥力，改良土壤结构，可在春夏期间用麦秸、玉米秸覆盖到树盘内，厚10～20厘米，并在草上散压碎土，以防被风吹走或起火。

（3）**地膜覆盖** 对无灌水条件的旱地、山坡地果园或土质极差的沙滩地果园，采用覆盖地膜新技术，是获得早产、高产、优质、高效益的主要措施。先将树盘修成外高内低的浅漏斗形，或按树行修成外侧略高的浅槽形，然后将幅宽2～2.5米、不同颜色（无色反光膜、银光膜、黑色膜等）、不同厚度（0.02～0.05毫米）的地膜，以树干为中心，在两侧各铺一块地膜，两膜相接处稍加嵌合，将树盘全部覆盖。为了使地膜与土接实、不被风吹起，应将四边及嵌合处用土压实。

（二）合理施肥

石榴不断从土壤中摄取矿物质营养元素，除氮、磷、钾3种主要元素外，还有硼、锌、铜、铁、钼、硫、钙、镁等生长发育不可缺少的微量元素。这些无机营养物质，主要来自土壤的矿质分解、动植物残体的腐烂和人为施入的各类肥料。施肥对石榴的增产具有显著的效果。

1. 主要营养元素的生理作用

（1）**氮** 氮素的主要作用是加强营养生长，提高光合作用，促进氮的同化和蛋白质的形成。氮素不足时生长衰弱，叶小而薄，色浅，落花落果严重，果实小。严重缺氮时生长可能停止，叶片早落。氮素过多时枝叶旺长，花芽分化不良，果实成熟晚，品质差，色不艳，不耐贮藏，枝干不充实，冬季易受冻害。

（2）**磷** 磷是形成细胞核和原生质的主要成分。具有促使组织成熟，提高树体抗寒、抗旱能力，促使产生新根，有利于花芽形成和提高籽粒品质。磷素缺乏时，新梢和细根发育受阻，叶、花芽分化不良，籽粒中含糖量降低，抗寒、抗旱性能减弱。

（3）**钾** 钾的主要作用有促使养分转运、果实膨大、糖类物质转化、组织成熟、加粗生长和提高抗逆性能等。缺钾时果实变小，质量降低，落叶延迟，抗性减弱。严重缺钾时老龄叶片边缘上卷，出现枯斑。

（4）**钙**　钙对植物碳水化合物和含氮物质代谢作用有一定影响。钙参与细胞壁的组成，钙能保证细胞正常分裂，使原生质黏性增大，抵抗病虫害及裂果的能力增加。钙能中和植物新陈代谢过程中产生的草酸及铵、氢、铝、镁等离子的毒害作用。钙缺乏时果实易衰老，降低贮藏性，贮藏病害及采前裂果易发生，新根粗短、弯曲、易枯死，叶面积减少。严重缺钙时，易引起枝条枯死、花果萎缩。

（5）**硼**　硼在树体内的作用是多方面的，它与细胞分裂、细胞内果酸的形成以及糖类物质的转运有关。硼对石榴开花、坐果有良好的促进作用。硼能提高果实中维生素和糖的含量，提高品质，硼还具有促进根系发育、增强抗病能力的作用。缺硼时，根、茎生长点枯萎，叶片变色或畸形，叶柄、叶脉质脆易断，根系生长变弱，花芽分化不良。硼过多时，则易出现毒害现象。

（6）**锌**　锌也是石榴生命活动中不可缺少的营养元素。锌与叶绿素和生长素的形成有关，缺锌时，直接影响生长素的形成，新梢细弱，节间短缩，叶小而密，叶片失绿变黄。

2. 肥料种类　石榴园常用肥料可分为有机肥料和无机肥料两大类。

（1）**有机肥料**　又称基肥，包括各种堆肥、圈肥、人粪尿、禽粪、饼肥、枯枝落叶、草皮、城市垃圾和绿肥。其中除腐熟人粪尿外，大多数是迟效性肥料。有机质肥料的优点是营养元素比较全面，肥效持续时间长。有机肥料多作基肥，在秋季结合土壤深翻一并施入。

（2）**无机肥料**　又称矿物质肥料或速效肥，包括各种化肥、矿粉、草木灰等。无机肥料具有肥效发挥快、肥效高、易被吸收的优点。但施肥不当易出现肥害和肥效持续时间短，容易淋失，长期单一施用易使土壤板结。无机肥料多作追肥，在生长季中施用。有机质肥料与无机肥料混合后，可分期供应石榴不同生长时期对营养的需要。无公害优质石榴园常用的氮素肥料主要有尿素、碳酸氢铵、硫酸铵等。常用的磷肥主要有过磷酸钙、骨粉、磷矿粉等。常用钾肥有硫酸钾、氯化钾、草木灰。市售复合肥主要有氮磷复合肥（磷酸二铵）、三元复合肥、磷钾复合肥（磷酸二氢钾）。微量元素肥料主要有硼砂、硼酸、氨基酸钙、硫酸锌等。

3. 施肥时期

（1）**基肥**　常用基肥主要是各种有机质肥和过磷酸钙、骨粉等迟效性肥料。基肥多在秋季采果后至落叶前后秋耕或深翻时施用，或于春季解冻后至萌芽前施入，而以秋季效果为最好。结合秋季深翻去石，客土改良土壤并施入禽肥、人粪干、饼肥加过磷酸钙等大量有机质肥料。这样，可以增强树势，提高产量。

（2）**追肥**　又叫补肥，是在生长季节内根据各物候的需肥特点以及树势强弱、结果多少、果园气候、土壤条件等及时追施速效性化肥，调节生长与结果之间的关系。石榴追肥常有以下 3 个时期。

①开花前　在萌芽至开花期以速效氮肥为主，适当配合磷肥，促使萌芽整齐，增加正常花数量，减少落花落果，提高头茬花的结实率。对于老、弱树和结果过多的大树，应加大追肥量。对于长势强的幼、旺树，可不追施或少施氮肥，以免引起枝叶徒长。

②幼果膨大期　在绝大多数花凋谢脱落后，幼果开始膨大的 6 月下旬至 7 月上旬追施氮、磷速效肥和适当配合钾肥，可以明显减少幼果脱落，促进果实膨大，提高当年产量。

③果实转色期　果实成熟采收前 15～30 天，正值成熟前果皮开始着色，果实迅速膨大。此期适当追肥，可促使果实膨大，果形整齐，色泽艳丽，提高籽粒品质，促进花芽形成，提高树体抗寒性，以利于翌年生长和结果。此期追肥应以速效磷、钾肥为主，不用或少用氮素化肥或人粪尿。

4. 施肥量　正确的施肥量应根据叶和土壤分析结果，按照树体生长结果需肥量、土壤供给量和肥料利用率三者来计算。但目前很少有从事叶和土壤分析的单位，生产中常按产量估计施肥法确定施肥量。根据各地丰产经验，每生产1千克果实应施用1千克有机质肥（农家肥）较为合理。因为1千克果实中有机质约与1千克农家肥中有机质元素含量相当。1千克果实中除50%左右水分外，有机质含量也在50%，即0.5千克左右。依此推算，果园中每产1000千克果实，应向土壤返还500千克有机质肥料，由于肥料利用率不到50%（其中氮为50%，磷为30%，钾为40%），因此应施入1000千克农家肥，才能使产果后土壤有机质得到充分补充。关于追肥施用量，经验认为以施肥总量的10%～20%较合适。例如，一个能结2000千克石榴的石榴园，应在上一年秋末结合深耕，一次施入2000千克优质有机肥料，并在生长季的萌芽期、幼果期、采果前期按3:4:3的比例将200～400千克追肥分次施入。

5. 施肥方法 施肥方法有土壤施肥和根外追肥两种形式，以土壤施肥为主、根外追肥为辅。

（1）土壤施肥 又称根系施肥，是施用基肥和大部分追肥时常用的方法。

①条沟施肥 在树冠垂直投影外缘处，向树盘外顺着行间（或株间）挖2条宽50～60厘米、深30～40厘米、长度依树冠大小而定的施肥沟。挖时将表层熟土堆于树盘内，心土堆在沟的外缘，沟挖成后，将圈肥等有机质肥料和表层熟土混合填入沟内，再把心土覆于沟上及树盘内。翌年施肥沟换到另外两侧。如此逐年向外扩大，直至遍及全园。条沟施肥多在已结果树上采用。

②环状沟施肥 以树冠垂直投影为中线，向树冠内、外挖宽50～60厘米、深30～40厘米的环状沟。为防止一次挖沟伤根过多，对树体生长和结果不利，也可每年只从树冠两侧挖半环状沟，翌年再从树冠另外两侧挖沟。沟挖好后，将表层熟土与有机质基肥混合均匀填入沟内，沟上及树盘内覆上心土。如此逐年向外延伸，直至园内土壤全部深耕施肥1次。环状沟法多用于初果

幼树施基肥。

③**全园撒施**　先将肥料均匀撒在园内，然后用机械翻入土内，深20厘米，这种方法的好处是施肥面积大，树冠内外所有根系都可得到养分。但因先撒后翻，深层土壤肥料较少，下部根系获得的营养较少。常用这种方法会诱导根系上浮，降低抵抗不利环境的能力。同时，因肥料分散全园，需肥量大而效果不如集中施用时显著。因此，与其他集中施肥追肥时常用此法。

④**放射状施肥**　从树冠下距树体1米左右的地方开始，以树干为中心向外呈放射状挖6～8条或更多内浅外深的沟，沟宽40～50厘米、深10～20厘米。沟挖成后，将稀人粪尿或速效化肥（碳酸氢铵、尿素等）均匀撒入各沟内，然后覆土。由于开沟是顺着根系分布方向进行的，地点选择合适时伤根少，且施肥面积大，获得营养的根系多。但开沟时应避免伤及大根，影响树体生长。

⑤**穴状施肥**　对山地干旱果园或庭院栽培的常采用穴施法。方法是自距树干1米以外，沿树冠周围挖10～15个深30～40厘米、直径20～30厘米的穴，再将人粪肥料施入穴内，施后浇水。穴状施肥的优点是伤根少，可以深施，使深层根系得到养料，对生长和结果都有良好的作用。

（2）**根外追肥**　近代科学研究证明，植物除根系能够吸收大量营养物质外，茎、叶、花、果等地上部器官也可通过皮孔和气孔直接吸收一定量的营养物质。根外追肥正是利用植物的这一特性，在生长结果急需大量营养物质，而依靠土壤施肥又不能及时满足时，把所需肥料配成低浓度水溶液，直接喷到枝、叶、花、果上，供其利用的一种施肥方法。

实践证明，石榴树采用根外追肥，可以显著提高结实率，减少落花落果，对增进果实色泽、提高果实品质、促进果实肥大、提高花芽质量和正常花分化率都有着良好的作用。特别是在石榴萌芽期、花期和膨果期，叶面喷施含有氮、磷、钾、硼、锌及植物生长调节剂等成分的多元复合肥，对提高产量和质量有显著效果。

根外追肥的时间多在生长季，也可在萌芽前，但要提高使用浓度。喷肥时，要选择气候较为湿润的无风天气。如果天气晴朗，则以上午 11 时以前和下午 4 时以后进行较为有利。喷时雾点要小，对叶片均匀喷布，喷到不滴水为止，喷后 12 小时内若遇大雨，则雨后要进行补喷。

一般溶于水的肥料均可用于根外追肥。石榴树常用的氮肥是尿素和腐熟人尿。尿素的使用浓度通常为 0.3%～0.5%，人尿的使用浓度为 5%～10%。浓度过高时易发生烧叶现象。尿素可以与波尔多液、敌敌畏乳油、灭幼脲、肿·锌·福美双等农药混合使用，可以起到省工、省时、省水的效果。常用磷肥是过磷酸钙，使用浓度为 2%～3%，此外，选用 1% 磷酸二铵复合肥，效果也很好。常用钾肥是草木灰，使用浓度为 3%～10%，或硫酸钾、氯化钾、磷酸二氢钾等，使用浓度为 0.2%～0.3%。喷过磷酸钙、磷酸二铵或草木灰液时需提前 12 小时，用少量清水将磷肥或草木灰浸泡，然后取上部澄清液加水稀释至所需浓度。常用的微量元素肥料主要有硼酸或硼砂，使用浓度为 0.2%～0.3%，多用于开花期或花后施用。也可喷 0.2%～0.3% 硫酸锌溶液，以补充石榴生长对锌的要求。幼果期可喷氨基酸钙 800～1 000 倍液，以减轻裂果发生。

（三）灌水和排水

石榴果实中 87% 是水，枝、叶、根中也含有 50% 左右的水分，可见水在石榴生命活动中占有重要地位。土壤中水分适宜时，对新枝生长、开花坐果、果实膨大和花芽分化都是有利的。水分不足或过多，不利于生长和结果。在优质高产石榴园管理中，土肥水三者必须密切配合，才能充分发挥肥效。深耕施肥后结合灌水，才能促使有机物质大量分解，使树体获得必要的养分。灌溉应与中耕、培土、覆盖等措施结合起来，才有利于减少水分蒸发，满足根系对水分的需要。

无公害优质石榴园灌溉水源应不受铅、汞、砷、铬、氟、硝酸盐、亚硝酸盐等有害物质污染或稍有污染，但污染物限量应控制在允许的范围内。

1. 灌水时期 灌水时期根据生长发育各阶段需水情况和土壤中含水量而定。石榴灌水可分为萌芽水、花后水、封冻水3个时期。

（1）萌芽水 早春3月份萌芽前后的一次灌水。灌萌芽水可促使萌芽整齐，有利于现蕾、开花和新梢生长，能够增加总叶面积，提高光合效率，促进正常花发育和提高结实率。灌萌芽水还可防止晚霜和倒春寒危害。萌芽水不宜灌得过晚，以防由于水分过多而引起枝叶徒长，加重落蕾、落花和落果现象的发生。

（2）花后水 盛花期过后幼果开始发育，果实进入迅速膨大阶段，及时灌水可以满足幼果膨大对水分的要求，能够减少落花落果，促进果实肥大，达到提高产量的目的。

（3）封冻水 采果后、上冻前，结合秋季深耕，施有机肥料，在结冻前充分灌水，可促使施用的有机质肥料腐烂分解，提高矿物质分解作用，有利于根系吸收和树体营养积累。对花芽分化质量，特别是正常花分化率和翌年春季生长有良好的促进作用。灌封冻水，可以起到提高抗寒性能、达到安全越冬的效果。秋季雨水较多，冬灌可适当延迟。如果水源不足，也可到翌年春季灌萌芽水。

2. 灌水方法 各地常用的灌水方法主要有分区灌溉、盘状灌溉、环状灌、穴状灌等多种形式。现在许多丰产园已开始采用喷灌、滴灌、渗灌等先进的微灌节水技术。灌水量以渗入土壤50～80厘米深处大量根区范围为宜，过深时浪费水、电、劳力，还形成营养下渗流失；过浅时不能满足生长、结果等生理活动对水的需要。

（1）分区灌溉 对株距、行距较小，栽植整齐的果园，可以把单株或数株树连在一块，纵、横修土埂，使其成为若干个小区，将水均匀引入各区内。这种方法灌水后根系得水均匀，但用水量大，灌后地面容易板结。

（2）**盘状灌溉**　以树干为中心，按照树冠大小修成圆形树盘后将水引入。这种方法较省水，但也有使土壤板结的缺点。

（3）**环状沟灌**　从树冠垂直投影外缘起，在树下修一带土埂的圆环状灌水沟，将水缓缓引入。其优点是对土壤结构破坏少，湿润程度均匀。主要用于根系分布较少的初果树。

（4）**穴灌**　在树冠下挖许多直径 30～40 厘米、深 50～60 厘米深的穴，然后把水注入穴内。挖穴时要避开大根。穴灌多用于水源缺乏的山坡地、丘陵地或庭园栽植的植株。

（5）**喷灌**　是一种新的灌水方法。主要有固定式和自走式喷灌机，借助机械动力和不同喷头的作用，将水均匀喷射到空中，形成细水珠进行灌溉。喷灌具有省水、省工和保肥的作用，据资料报道，比地面沟灌或畦灌可节约用水 40%～60%。氮、磷、钾肥料利用率分别提高 95%、45% 和 80%。喷灌还具有防热、防霜、防盐渍化的作用，可减少渠道用地，改善果园小气候，有利于生长和结果。固定式灌水时，将水经高压水流，经埋设在果园地下输水管道及地上固定喷头，将水流呈放射状喷向空中洒回地面。这种喷灌投资费用大，材料设备要求高，喷水扬程高、范围大，适合于各类大型果园采用。还有一种微型喷灌，是将不同水源的水经微型泵定时抽出，通过园内可移动的硬质输水管道及在树下向不同方向铺设的塑料软管，管上等距离打有微型喷水孔，将水喷高仅 30～50 厘米洒向树盘土壤。这种微型喷灌投资费用小，材料设备简单，喷水扬程低、范围小，很适合各类小型果园采用。

（6）**滴灌**　是近 10 年来新发展的一种先进的灌水技术。通过各种输水管道和插入土壤中的滴头，将水滴或细小水流缓缓渗入到根系分布范围内，使树体生长在适宜的土壤、水分条件中。

滴灌只对部分根域供水，比喷灌更加省水。据报道，滴灌比喷灌省一半水，对土地平整要求不高，能连续地或间断地对根区土壤供水，保持土壤湿润，以利于树体生长和结果。滴灌的缺点是需要材料多，投资费用大。我国目前已开始推广应用。

（7）**渗灌**　一种先进的微灌节水技术。在40～50厘米深根区土壤内，埋设输水硬塑料管，管的两侧和上部间隔40～60厘米打针状细孔，通过阀门将贮水池中的水源供给根区土壤，地表仍有干土层保护，避免蒸发。渗灌比漫灌可节水60%～70%。

3. 排水防涝　在雨量过大、浇水过多或地下水位过高、易发生雨涝和无水土保持措施的山地石榴园，要因地制宜地安排防涝防洪措施，尽量减少雨涝造成的损失。平地和盐碱地果园，可根据地势在园的四周和园内开挖排水沟，把多余的水排出。在降雨量大、易发生积水的果园，可利用高畦法栽植，畦高于路，畦间开深沟。天旱时畦面两侧高、中部低，便于灌溉；雨涝时畦的中间高、两侧低，便于排水。山地果园首先要做好水土保持工作，果园上部修拦水堤，防止洪水下泄造成冲刷。在梯田的内侧修排水沟，迂回排水，降低流速以保持水土，雨季将多余的水引至蓄水池或中水型水库中蓄积。由于地下有不透水层而引起积水的果园，要结合深翻改土打通不透水层，使水下渗。

三、整形修剪

整形修剪是石榴栽培中的一项重要措施。整形是根据石榴的生长结果习性、生长发育规律、土壤立地条件和栽培管理特点，通过修剪技术的合理应用，使树体骨架牢固，结构合理，为丰产优质打好基础，为经济利用空间、合理密植提供有利条件。修剪是在整形的基础上，继续维持和培养丰产树形，调节生长与结果之间的关系，使幼树早成形、早丰产，使盛果期树连年高产、稳产，使衰老树更新复壮，返老还童，增加产量，延长寿命。整形和修剪是 2 个不同的概念，但二者相互依存，难以分开。整形通过修剪来进行，修剪要以整形为基础。整形修剪要遵从"因树整形、随枝修剪"的原则，做到长远规划，全面安排，本着"以轻为主、轻重结合"的方针，综合运用各种不同的剪枝方法，达到均衡树势、主从分明、枝组丰满、通风透光、病虫害少、优质丰产的目的。

（一）整形修剪的时期

整形修剪一年四季均可进行。主要分为冬季修剪和夏季修剪 2 个时期。

1. 冬季修剪　又叫休眠期修剪，是在落叶后至萌芽前休眠期进行的修剪，北方冬季气温较低，容易出现冻害，可在春季萌芽前进行。

2. 夏季修剪　又叫生长期修剪，是在萌芽后至落叶前生长期进行的修剪。根据生长期的生长，又分为春季修剪、夏季修剪、秋季修剪。夏季修剪是冬季修剪的补充，只宜在生长健壮的旺树、幼树上适期、适量进行，同时要加强综合管理措施，才能收到早期丰产、高产、优质的理想效果。夏季修剪的方法主要有抹芽、除萌蘖，疏除旺、密枝，压、拉、别、坠等改变枝向，以及环割、环剥、纵割、断根等机械创伤。

（二）修剪方法

冬季修剪主要方法是疏剪、短截、缩剪。夏季修剪多用疏剪、抹芽、除萌、枝条变向、环割、环剥等措施。

1. 疏剪　疏剪包括冬季和夏季疏枝、抹芽等措施。疏剪是将枝条从基部剪除，具有增强通风透光、提高光合效能、促进开花结果和提高果实品质的作用。疏剪主要用于疏除强旺枝、徒长枝、衰老下垂枝、交叉并生枝、外围密挤枝及干枯枝、病虫枝等。

2. 短截　又叫短剪，是把单个枝剪去一部分。短截具有促长新梢和树体营养生长的作用。短截越重，新梢生长越强，短截在石榴修剪中用得较少，只是在老弱树的更新复壮和幼树整形时采用。

3. 缩剪　又叫回缩，是剪去多年生枝的一部分。缩剪具有促进生长势的明显效果，有利于更新复壮树势，促进花芽形成和开花结果。

4. 长放　又叫缓放或甩放，就是对 1～2 年生枝不加修剪。长放具有增加短枝、叶丛枝数量的作用，对于缓和营养生长、促进花芽形成、增加正常花数量、使幼树提早结果有着良好的作用。

5. 造伤调节　对旺树、旺枝采用环割、环剥、倒贴皮、绞缢、刻伤、折枝、锯伤等机械措施造成的伤口，使枝干木质部、韧皮部暂时受伤，在伤口愈合前起到阻碍或减缓营养物质和水分的上下输导，起到抑制过旺的营养生长，缓和树势、枝势，促进花芽形成，提高产量的作用。

6. 调整角度　对角度过小、长势偏旺、光照很差的大枝和可供利用的旺、壮枝，通过撑、拉、捋、曲、别、坠等方法，改变枝条原来的生长方向，使其由直立姿势变为斜生、水平或下垂状态，以缓和营养生长和枝的顶端优势，扩大树冠，改善光照条件，促使形成正常花而结果。对角度过大、生长势衰弱的骨干枝，可通过吊、顶、背上枝换头等方法抬高角度，以促进营养生长，恢复树势，提高坐果率。调整骨干枝角度是幼树整形期常用的修剪措施，必须因地、因树采取相应措施，以调节生长和结果，达到最好的平衡状态。

7. 摘心　生长季节摘除新梢先端嫩梢的方法叫摘心。主要在新梢旺盛生长期间进行。摘除新梢先端嫩梢，既能改变营养、水分分配，又能改变内源激素的平衡关系。由于摘心具有刺激摘心口下节间腋芽萌发大量新枝的作用，在萌芽后至初花期新梢旺长期，对树冠外围枝上的直立嫩枝只可抹除不能摘心。但骨干枝中后部光秃带萌枝经重摘心，可增加枝量用来补空。

8. 抹芽、除萌 是生长季内的疏枝。主要是抹去骨干延长枝剪口下对生芽的一侧芽，延长枝上的直立嫩梢，主干、主枝上的剪、锯口及其他部位无用的萌枝，挖除、剪掉根际、主干上的萌蘖。除萌蘖、抹芽工作在生长季内随时都可以进行，但以春季花期抹芽、挖蘖根，夏、秋季剪萌枝效果最好。

（三）高产树形

在石榴栽培中，所用树形较多，其中较为理想的树形有单主干自然开心形、多主干自然开心形、多主干自然半圆形和双主干"V"形。

1. 单主干自然开心形 干高 50 厘米左右，树高 3 米左右，无中央领导干。干上均匀分布 3～5 个主枝，各主枝在干上的间距为 15～20 厘米，主枝角度 50°～60°。稀植园每个主枝上留侧枝 2～4 个，侧枝与主干和相邻侧枝间的距离为 50 厘米左右。密植石榴园主枝上不培养侧枝，直接着生结果枝组。该树形通风透光好，管理方便，成形快，结果早，符合石榴树的生长结果习性，是石榴树的丰产树形之一（图 5-1）。

2. 多主干自然开心形 有主干 2～3 个，3 个主干均匀分布，

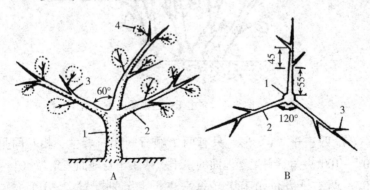

图 5-1 单主干自然开心形 （单位：厘米）

A.侧视   B.俯视

1.主干   2.主枝   3.侧枝   4.结果枝组

主干与垂直线的夹角为30°～40°。干高50～80厘米，树高3米左右。每个主干上有主枝2～3个，共有主枝6～8个，各主枝向树冠四周均匀分布，互不交叉重叠，同主干上的主枝间相距50厘米以上，主枝上着生结果枝组。该树形成形快、结果早、主干多、易于更新，但主枝多，易交叉重叠。这种树形如果留2个主干，就成双主干"V"形。树体结构同三主干开心形，但因为减少了主干，主枝更容易安排，特别适于宽行密植的丰产石榴园。

3. 多主干自然半圆形 有主干2～4个，干高0.5～1米，树高3～4米，主干各自向上延伸，每个主干上着生主枝3～5个，共有主枝12～15个，分别向四周生长，避免交叉重叠。这种树形成形快，枝条多，丰产早，缺点是树冠易郁闭，管理不太方便（图5-2）。

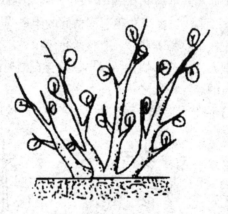

图5-2 多主干自然半圆形

4. 双主干"V"形 只有两个顺行间相对着生、相互间呈80°～100°夹角、斜生于地面的主干。两主干与地面夹角为40°～50°，两主干方位角180°。每一主干上分别配置2～3个大型侧枝，第一侧枝距根际60～70厘米，第二与第一侧枝相距50～60厘米，同侧侧枝相距100～120厘米。各主、侧枝上分别配置立体状大中型结果枝组 15～20 个。树形完成后，全树共有 2 个主干、4～6 个侧枝、30～40 个大中型结果枝组。冠幅、树高控制在 2.5～3 米，整个树冠呈自然圆头形。这种树形适于每 667 米^2 栽植 70～80 株，株、行距为 3.5 米×2.5 米的大株距、小行距园内采用。其优点是树冠较矮，呈扁圆形，适于密植，骨干枝少，结果枝多，通风透光，结果良好，病虫害少，管理方便（图 5-3）。

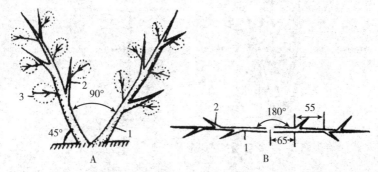

图 5-3　双主干 "V" 形 （单位：厘米）

A. 侧视　B. 俯视

1. 主干　2. 侧枝　3. 结果枝组

（四）不同年龄树的修剪

1. 幼龄期树　指尚未结果或初开始结果的树，一般在 4 年以内。此期整形修剪的任务是根据选用树形，选择培养各级骨干枝，使树冠迅速扩大进入结果期。

栽后第一年主要是培养主干，主干长度在 80 厘米以上，单干式开心形保持主干直立生长，双干 "V" 形和三干开心形将选定的主干拉到与地面呈 20°～40° 夹角的位置，同时将距地面 60 厘米以下的所有细弱枝疏除。冬剪时，主干留 60～80 厘米长剪截，其余细弱枝全部疏除（图 5-4）。

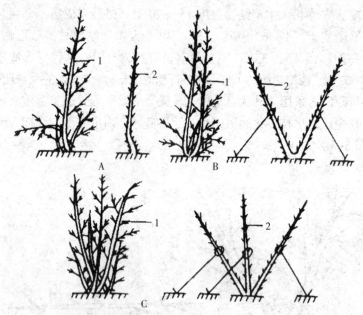

图5-4　幼龄期各种树形及修剪（单位：厘米）

A.自然开心形　B.双主干"V"形　C.三主干开心形

1.剪枝前　2.剪枝后

　　栽后2～4年以培养骨干枝为主，同时开始培养结果枝组。春季剪口芽萌发后，留一侧芽作主枝延长枝培养，另一侧芽作侧枝或枝组培养，7～8月份对其角度通过撑、拉适当调整。主枝背上芽发生的新枝，或重摘心控制，或抹除。两侧和背下生出的枝保留不动或适当控制，以不影响骨干枝生长为原则。冬剪时各类骨干枝仍留左、右芽，按50～60厘米长度剪定，对侧枝及其他类枝均缓放不剪。

　　2. 初结果树　初结果树指栽后5～8年的树，此期树冠扩大快，枝组形成多，产量上升较快。此期整形修剪的主要任务是完善和配备各主、侧枝及各类结果枝组。

　　修剪时对主枝两侧发生的位置适宜、长势健壮的营养枝，培养成侧枝或结果枝组。对影响骨干枝生长的直立性徒长枝、萌蘖枝采用疏除、扭伤、拉枝等措施，改造成大中型结果枝组。长势中庸、二次枝较多的营养枝缓放不剪，促其开花结果；长势衰弱、枝条细瘦的多年生中枝要轻度短截，回缩复壮。

3. 盛果期树 盛果期树指 8 年生以上、产量高而稳定的树。此期整形修剪的主要任务是保持树体"三稀三密"的良好结构，使树势、枝势壮而不衰，延长盛果年限，推迟衰老期。

此期要适当回缩枝轴过长、结果能力下降的枝组和长势衰弱的侧枝至较强的分枝处；疏除干枯枝、病虫枝、无结果能力的细弱（寄生）枝及剪、锯口附近的萌蘖枝，对有空间利用的新生枝要保护，培养成新的结果枝组。注意解决园内光照不足的问题。

4. 衰老树的修剪 大量结果 20～30 年生以上的树，由于储藏营养的大量消耗，地下根系逐渐枯死，冠内枝条大量枯死，花多果少，产量下降，步入衰老期。衰老期树应从回缩复壮地上部分和深耕施肥促生新根两方面加强管理。

5. 放任树 指完全放任生长而不加任何修剪措施的石榴树。这些树只是在树冠外围见光的一层小枝上结果，因此产量低、品质差。对这些树的改造，应采取如下措施。

（1）**选好骨干枝** 根据不同树的生长和周围环境，参照丰产树的结构要求，选择 1～4 个生长健壮的大枝作为主干或主枝，每个主枝上再选 2～3 个侧枝以及 10～15 个结果枝组；并注意各个骨干枝的方向和角度，不能相互交叉和重叠（图 5-5）。

（2）**疏除有害枝** 疏除干枯枝、病虫枝、基部萌蘖；疏除背上直立旺长枝、内膛徒长枝及过密的大型枝组。

（3）**培养结果枝** 采用先放后缩和先截后放的方法培养枝组。对于生长势强的枝，先缓放不剪，通过拉枝等措施缓和生长，促其形成花芽，待结果后，再适度回缩培养成结果枝组。对于生长中庸的枝或呈水平生长的枝，缓放成花后及时回缩。或先短截促使产生新枝，然后缓放至开花结果后再回缩。

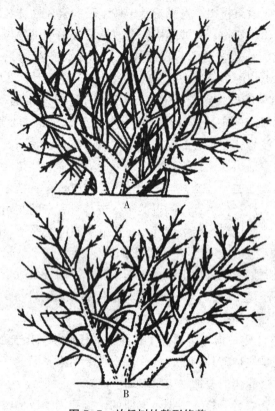

图 5-5　放任树的整形修剪
A. 整形前　B. 整形后

（4）复壮衰弱枝　对树冠内衰弱的枝，采用去弱留强、抬高角度、短截、回缩等方法，促使树势、枝势转旺。

四、花果管理

石榴花器退化是导致落花落果、产量低而不稳的重要原因。为此，必须加强管理，增强树势，促进花器发育正常，注意授粉，提高坐果率。

1. 加强综合管理、增强树势 主要是加强肥水管理。生产中常从初花期起每隔 7～10 天叶面喷布 0.5% 尿素、1% 磷酸二铵、过磷酸钙浸提液、0.3% 磷酸二氢钾、硼酸（或硼砂）、硫酸锌等。这些肥料或微量元素肥料既可单独使用，也可数种混合使用。增产幅度为 30%～50%。

通过修剪，适当抑制营养生长，也可达到提高坐果率的目的。如勤除根蘖，剪除死枝、枯枝、病枝、过密枝、徒长枝、下垂横生枝等，实行以疏为主的修剪。另外，在花期前进行摘心、抹芽及环剥等，以节省和集中利用养分，提高坐果率。

2. 花期放蜂 石榴属于虫媒花，依靠蜜蜂等昆虫传粉完成授粉受精过程。盛花期间，在石榴园放蜂，可以提高坐果率。蜂群在园内的数量应与树株数成一定比例，才能起到提高坐果率、促进结果的作用。一般 200 株树有 1 箱蜂，即可满足授粉的需要。蜂箱以放在园内最好，蜂箱之间距离以不超过 500 米为宜。据山东枣庄峄城试验，当地的主栽品种大青皮甜石榴自然授粉筒状花坐果率为 7.9%，放蜂后筒状花坐果率可达 30% 左右。

3. 人工授粉 在花期无蜂时，可用人工授粉，人工授粉筒状花坐果率可达 45.8%。但人工授粉费工、费事，而且石榴花期长，需要较长时间的授粉效果才好。人工点授，一般在开花的当天进行，如开放前 1 天授粉坐果率更高。授粉时用授粉器蘸少许花粉，轻轻点在盛开的筒状花的柱头上。为了不重复授粉，可将花粉染色。为节省花粉，可按 1∶4 的比例加滑石粉或淀粉稀释再用。液体喷粉可按水 10 升、砂糖 0.5 克、尿素 30 克、硼酸 10 克、花粉 20 克的比例混匀后喷洒。

4. 花期环状剥皮 5 月初（花前）进行环状剥皮，可以提高坐果率。可在主干上环剥，也可在大型辅养枝上或旺枝上进行，剥口宽 2～5 毫米，以生理落果后能愈合为度。旺树愈合能力强可适当宽些，不太旺的树愈合能力差可适当窄一些。坐果率低的品种和幼旺树应早剥，坐果率高的品种和较弱的树环剥可晚些。

5. 疏花疏果 石榴树上的大量退化花，消耗了树体大量有机质营养，及时疏蕾、疏花，可提高坐果率20%～30%。疏蕾、疏花越早越彻底，增产效果越明显。疏花要及时疏去钟状花。钟状花发育不健全，不能坐果，但数量很大，消耗了很多养分。为了节约养分，疏掉越早越好，当一茬蕾能分辨筒状花和钟状花时进行最好。第三茬花筒状花在坐果已够时也应疏去。

疏果采用多留头花果，选择留二次果、疏去三次果的方法。疏果时还要注意均衡树势，强树、强枝应多留，弱树、弱枝要少留；外围和上层多疏少留，内膛、下层少疏多留。

6. 果实套袋 套袋栽培已成为当今生产无公害优质果品的重要手段，套袋不仅虫害少、裂果轻，而且果面鲜嫩光洁、污染少，还具有减轻日灼，增加单果重、百粒重等作用。套袋时间常因目的不同而有差别。以预防虫伤、日灼伤、雹伤及果面污染为目的时，应在6月中旬大量坐果后，幼果如核桃大小时及早进行；以防止、减轻裂果为目的时，应在外界高温已过（立秋后）、果实二次膨大前及早进行。

套袋前3～5天，果面喷68.75%噁酮·锰锌水分散粒剂、70%甲基硫菌灵可湿性粉剂1 000倍液杀菌剂或25%灭幼脲3号悬浮剂2 000倍液，或20%氰戊菊酯乳油2 000倍液等杀虫剂，为防止裂果，还可混合喷布氨基酸钙500倍液。为避免将幼虫或虫卵套入袋内，也可先用长嘴小喷壶对幼果萼筒内点喷25%灭幼脲3号悬浮剂2 000倍液。石榴果袋选用长、宽分别为20厘米和18厘米机缝扎边的单层纸袋（蜡质木浆纸、牛皮纸或硫酸纸等防湿性好的纸）或微膜塑袋。套果前要将袋（纸袋或膜袋）底剪角或扎孔，留作排水透气用。套果时果梗长2厘米以上时，将幼果直接套入袋内，使幼果处于袋的中央，不触及袋纸，将袋口中心与果梗捏住。再从袋口两边向果梗处纵折将果梗包严，最后用长约4厘米的扎丝回折成"U"形扎牢；果梗极短不足2厘米的幼果，直接着生在粗壮母枝上时，套果前先将袋口中央撕一纵深3～5厘米长的口子，再将袋撑开套果入袋，使果置袋中心且不触及袋纸，将袋口扎紧。果实套袋时应做到不套病虫果、不套畸形果、不套丛状果，结果量充足时不套冲天果（萼筒向上），不套长枝果。

为使果实着色均匀鲜艳，采收前8～10天利用白天或傍晚先撕袋后除袋，除袋后应喷1～2次80%敌敌畏乳油和液体叶面肥500倍液及68.75%噁酮·锰锌水分散粒剂1 200～1 500倍液，防止桃蛀螟、干腐病的危害。

7. 摘叶转果　摘叶转果是促使果实全面着色的辅助措施。石榴摘叶分2次进行，首次在6月上中旬结合疏果定果，摘除果梗基部小叶和覆盖果面的叶片，可减轻（桃蛀螟等）蛀果，又便于实施套袋作业。第二次在8月中下旬上色前15～20天，结合除袋工作，摘掉或疏去遮挡直射果面阳光的叶片或小枝组，以达到促果着色的目的。石榴果梗粗短，特别是着生在大中粗枝上的果实无法转动。因此，二次摘叶（果实除袋）后5～7天，要通过拉、别、吊等方式，调整转动结果母枝位置，使果实背光面转向光照充足的方向，促果全面着色。

8. 铺反光膜　从8月中旬起至采果前，石榴树冠下或株行间铺设银色反光膜，可明显提高树冠内膛和中下部见光不足果实的色泽。铺膜后应适当疏枝和拉枝，对枝条比较密挤的树适当剪除一些小枝，让阳光透进去，同时摘除果实附近的叶片，使树盘地面无浓阴、光斑分布均匀。

五、病虫害防治

（一）主要病害及防治

1. 石榴干腐病　石榴干腐病不仅危害生长期间的果实，而且危害贮藏果实，也侵染花器、新梢。

（1）**危害症状**　蕾期发病，受侵染的花瓣最初变成褐色，以后扩大至花萼、花托，使整个花变为褐色。褐色部分发生许多暗色小颗粒，即为病菌的分生孢子器。枝干上染病，初期是黄褐色或浅褐色，以后变为深褐色或黑褐色。被危害部位表面粗糙，病部与健部交界处往往开裂，病皮下干裂翘起以至剥离。发病后病部迅速扩展，深达木质部，最后使全枝干枯死亡，病部密生黑色小粒点，即分生孢子器。

幼果一般在萼筒处先发生浅褐色病斑，逐渐向外扩展，直至整个果实腐烂。受害严重幼果早期脱落，当幼果膨大至七成大时，则不再脱落而干缩成僵果，悬挂在枝梢。

（2）**防治方法**

①农业防治　加强栽培管理，提高树体抗病能力。果实套袋、坐果后即进行套袋，可兼治疮痂病，也可防治桃蛀螟。

②人工防治　清洁果园，在冬季结合修剪，将病枝、烂果等清除干净。夏季要随时摘除病落果，深埋或烧毁。对于枝干病斑要进行刮除，并涂多效灵保护。注意保护树体，预防受冻或受伤，对已出现的伤口，要进行涂药保护，促进伤口愈合，防止病菌侵入。

③化学防治　早春发芽前，喷 3～5 波美度石硫合剂，5～8 月份交替使用 80% 代森锰锌可湿性粉剂 800 倍液、50% 甲基硫菌灵可湿性粉剂 800 倍液、50% 多菌灵可湿性粉剂 600 倍液等杀菌剂，间隔 10～15 天喷 1 次，效果较好。

2. 石榴早期落叶病　早期落叶病从病斑特征上可分为褐斑病、圆斑病和轮纹斑点病等，其中以褐斑病对石榴树的损害最为严重。

（1）**危害症状**　主要危害叶片，初期先在树冠下部和内膛叶片上发生。褐斑病叶片的病斑初为褐色小点，以后发展成针芒状、同心轮纹状或混合型病斑，病斑上的黑色小颗粒即为病菌孢子盘。圆斑病的病斑初为圆形或近圆形、褐色或灰色斑点。轮纹斑点病的叶呈褐色或暗褐色，多发生于叶片边缘。空气潮湿时，叶背面常有黑色霉状物出现。果实上的病斑近圆形或不规则形，黑色微凹，也有灰色茸状小粒点，果实着色后病斑外缘呈淡黄白色。

（2）**防治方法**

①农业防治　加强综合管理，合理施肥，重视修剪培养良好树形，改善树冠和园内通风透光状况。清除园内落叶，集中烧毁或深埋，尽量减少越冬病菌源。

②化学防治　生长期间，从5月初开始，喷80%代森锰锌可湿性粉剂800倍液、10%多抗霉素可湿性粉剂1500倍液、70%乙铝·锰锌可湿性粉剂300倍液、1∶1∶200波尔多液，药剂交替使用，隔10～15天喷1次，效果更好。

3. 煤污病

（1）**危害症状**　在石榴果实上，煤污病为棕褐色或深褐色污斑，边缘不明显，像煤斑。病斑有4种类型，即分枝型、裂缝型、小点型及煤污型。菌丝层极薄，一擦即去。

（2）**防治方法**

①农业防治　加强果园管理，清除菌源，在秋末采果后，及时将园内所有病虫果及病叶、落叶等集中烧毁或深埋，清除翌年病菌来源。建立健全果园排灌系统工程，防止果园大量积水。

②人工防治　合理整形修剪，保证全园通风透光良好。进行果实套袋，果实套袋是防治煤污病最理想的措施，防治效率高达100%。

③化学防治　早春石榴萌芽前，全园喷1次5波美度石硫合剂。采果后，树上喷1次1∶2∶250波尔多液，以减少病原基数。生长期，根据该病的发病规律，6～10月份喷药，次数以10天、15天1次为宜。防治药剂有硫菌灵、三唑酮、波尔多液，其中波尔多液防病效果最好。

4. 软腐（烂果）病　我国南北各地石榴园均有发生，危害严重时使园内大中型果腐烂脱落，影响果实产量和商品果质量。

（1）**危害症状**　6月中下旬幼果较大时，被害果萼筒下果面上初现1～2毫米大小的水渍状圆形黄褐色斑点，高湿度条件时病斑扩展迅速，1～2周扩大至硬币大小或更大，深及果内籽粒、隔膜及胎座等组织，直至腐烂脱落。大型病斑上有不明显轮纹，果皮糟软，轻压后有黄色汁液流出。贮藏果染病后，此汁液常侵染其他健果，扩大危害。

（2）**防治方法**

①农业防治　加强肥水管理、合理整形修剪、改善通风条件是预防此病危害的基础，萌芽前、幼果期彻底清除树上、地下干病果，及时摘除病果深埋，清除病原非常重要。

②化学防治　萌芽前喷3～5波美度石硫合剂，5月中下旬幼果期起，喷3～4次1∶2∶200波尔多液，或68.75%噁酮·锰锌水分散粒剂1200～1500倍液，或80%代森锰锌可湿性粉剂500倍液等杀菌剂均有一定的效果。

③其他　做好桃蛀螟、桃小食心虫、茶翅蝽等害虫的防治，减少虫伤和机械伤达到预防效果。贮藏前严格剔除病果，待贮果用68.75%噁酮·锰锌水分散粒剂1000倍液浸果，晾干后用塑膜袋单果包装，防止染病果侵染扩大危害。

（二）主要虫害及防治

1. 桃蛀螟　桃蛀螟又名桃蠹螟、桃实螟、豹纹斑螟、桃斑蛀螟，俗称蛀心虫、食心虫，是石榴最主要的害虫。

（1）**危害症状**　幼虫蛀食果实和种子，被害果内外排积虫粪，常使受害果腐烂、早落。

（2）**防治方法**

①农业防治　清洁果园，减少虫源。采果后至萌芽前，摘除树上、捡拾树下的干僵果和病虫果，集中烧毁或深埋。消除园内玉米秸秆、高粱秸秆等越冬寄主。剔除树上老翘皮，尽量减少

越冬害虫基数。生长期间，随时摘除虫果深埋。从6月份起，可在树干上扎草绳，诱集幼虫和蛹，集中消灭。也可在果园内放养鸡，啄食脱果幼虫。从4月下旬起，园内设置黑光灯，挂糖醋罐、性引诱芯等诱杀成虫。

②化学防治　石榴坐果后，可用50%辛硫磷乳油500倍液渗药棉球或制成药泥堵塞萼筒。6月上旬、7月上中旬、8月上旬和9月上旬为各代成虫产卵盛期，分别喷洒5%S–氰戊菊酯乳油2 000倍液或2.5%联苯菊酯乳油2 500倍液，杀死初孵幼虫。

③果实套袋　石榴坐果后20天左右进行果实套袋，可有效防止桃蛀螟对果实的危害。套袋前应进行疏果，喷1次杀虫剂，预防脓包果发生。

2. 桃小食心虫　桃小食心虫简称桃小，属鳞翅目蛀果蛾科。是我国北方地区果树主要食果害虫，除危害苹果、桃、枣外，还危害石榴、梨、李、海棠、山楂等果实。

（1）**危害症状**　幼虫多由果实胴部或底部蛀入果内。幼虫入果后在果内纵横穿食危害，或直接蛀入果心，虫道弯曲，充满红褐色虫粪，形似豆沙馅。幼虫老熟后，多从果实胴部脱果，在果面上有2～3毫米的脱果孔。被咬破的脱果孔外常有新鲜虫粪，脱果孔的虫道无幼虫吐的丝。

（2）**防治方法**　首先消灭越冬幼虫。在加强虫情测报的基础上，适期采用喷洒药剂和人工捕杀相结合的方法，消灭越冬代出土幼虫。每年5月上旬，对树盘喷洒48%毒死蜱乳油1 000倍液，然后将土浅翻耙平，使药、土混合均匀。越冬虫量大时，5月下旬再进行1次。当虫果率稳定在1%以下时，可隔2～3年进行1次。

①农业防治　消灭第一代幼虫。及时组织人力，捡拾树下、摘除树上虫果，树盘喷药、培土，均可取得好的效果。

②化学防治　根据田间虫情，当卵果率达到1%～2%时，及时喷布30%桃小灵乳油或20%氰戊菊酯乳剂200倍液，毒杀

虫卵和初入果幼虫。如用2.5%高效氯氟氰菊酯乳油或20%甲氰菊酯乳油3 000倍液，或5%S-氰戊菊酯乳油或25%灭幼脲3号悬浮剂2 000倍液，或50%敌敌畏乳油1 000倍液均有良好的效果。

③其他　加强堆果场管理，及时处理虫果。在堆果场地面上铺1层沙子，场地周围挖1条沟，沟内填沙或灌水，以阻止幼虫爬出，待果实处理完后，把沙内或沟内幼虫一并集中消灭。

3. 黄刺蛾　黄刺蛾属鳞翅目刺蛾科，俗称洋辣子。

（1）危害症状　以幼虫食叶，严重时将叶片吃光，影响树势、产量和果品质量。

（2）防治方法　结合冬季修剪，清除越冬虫茧。幼虫发生期间喷90%晶体敌百虫800～1 000倍液、50%敌敌畏乳油1 500倍液，均有良好效果。

4. 金龟子类　危害石榴树的金龟子类害虫主要有铜绿丽金龟和黑绒金龟2种，以铜绿丽金龟为代表介绍如下。铜绿丽金龟属鞘翅目丽金龟科。

（1）危害症状　成虫食芽、叶片成不规则的缺刻或孔洞，严重的仅留叶柄或粗脉。幼虫生活在土中，危害根系。

（2）防治方法

①人工捕杀结合生物防治　早、晚振落成虫捕杀；保护天敌。

②化学防治　一是地面施药。控制潜土成虫，常用药剂有5%辛硫磷颗粒剂，每667米^{2}撒施3千克。使用辛硫磷后应及时浅耙，以防光解。二是树上施药。于果树快要开花前，结合防治其他害虫喷洒杀螟硫磷或马拉硫磷等1 000～1 500倍液，或20%氰戊菊酯乳油1 000～1 500倍液有较好的防治效果。

5. 豹纹木蠹蛾　又名咖啡黑点木蠹蛾、六星木蠹蛾，属鳞翅目木蠹蛾科。各地都有分布，以江苏、浙江、安徽、河南等地较多。食性杂，危害多种树木，如石榴、苹果、核桃等。

（1）危害症状　幼虫蛀食1～5年生枝条髓心，开始时绕枝条水平蛀食1圈，再由髓心向上蛀食，很快切断营养输导，受害枝条短期内全部枯死。严重时，树上出现大量枯枝，影响树体生长和结果。

（2）**防治方法**

①农业防治　一是结合修剪，及时剪除被害枝条，集中烧毁。二是用细钢丝从蛀孔向上捅，然后再用蘸有50%敌敌畏乳油100倍液的农药棉球或药泥堵塞，杀死幼虫。

②化学防治　产卵和孵化期喷20%氰戊菊酯乳油2 000倍液等农药。

6. 石榴巾夜蛾　石榴巾夜蛾属鳞翅目夜蛾科。分布较广，陕西、河北、四川、江苏、浙江、江西、湖北、广东、台湾等地均有发生，危害石榴。

（1）**危害症状**　幼虫危害芽和叶片。幼虫体色与石榴树皮近似，不易发现，白天静伏，晚间取食。老熟幼虫化蛹于枝干交叉处或枯枝等处。9～10月份老熟幼虫爬下，在枝干附近土中化蛹过冬。世代重叠，成虫取食果汁。

（2）**防治方法**

①农业防治　落叶后至萌芽前的冬春时期，在树干周围挖捡越冬虫蛹消灭之。

②化学防治　幼虫发生期喷90%晶体敌百虫1 500倍液、25%灭幼脲3号悬浮剂2 000倍液、20%丁硫克百威乳油2 000～3 000倍液。

7. 石榴绒蚧　石榴绒蚧又称榴绒粉蚧，是南北各地石榴区的主要害虫。

（1）**危害症状**　受害树枝瘦叶黄，树势衰弱，极易滋生煤污病，受害严重的树会整株死亡。

（2）**防治方法**

①苗木、插条要严格进行消毒，杀死越冬若虫，消毒杀虫药剂选用5波美度石硫合剂做喷洒处理。

②3月下旬萌芽前期，全树均匀喷洒3～5波美度石硫合剂、

48%毒死蜱乳油2 000倍液、40%杀扑磷乳油2 000倍液。

③各代若虫孵化期，喷20%烯酰吗啉可湿性粉剂2 000倍剂或5%高效氰戊菊酯乳油4 000倍液。

8. 石榴茎窗蛾 石榴茎窗蛾属鳞翅目网蛾科（窗蛾科），是石榴树的主要害虫。

（1）危害症状 以幼虫危害新梢和多年生枝，幼虫自芽腋处蛀入新梢，沿髓部向下蛀纵直隧道，并在不远处开一排粪孔。被害梢3～5日后枯萎。使树势衰弱产量下降，甚至使整树死亡。

（2）防治方法

①农业防治 7月初起经常检查新梢，发现被害枝后及时剪除，消灭其中幼虫。春季萌芽后，将未能萌芽展叶的枯枝彻底剪除烧毁，消灭越冬幼虫。

②化学防治 一是对2～3年生较大被害枝内的幼虫，可用50%敌敌畏乳油500倍液或马拉·敌百虫乳油800倍液，从被害枝最下部的排粪孔处注入，然后用泥封闭排粪孔毒杀枝内害虫。二是从7月上旬孵化期起，叶面（重点新梢）喷马拉·敌百虫乳油1 000倍液或50%敌敌畏乳油1 000倍液，也可用25%灭幼脲3号悬浮剂2 000倍液，或2.5%高效氯氟氰菊酯乳油3 000倍液，防治效果较好。

六、采收、分级包装、运输及贮藏

必须根据品种的生物学特性和市场需求适时采收。不应早采，采后立即上市的最好在果实充分成熟时采收。采收后的果实应按销售需要进行商品化处理，做到精选分级、精美分装，形成无公害商品化优质果。采收是石榴年生产周期的最后环节，是保证丰产、丰收的重要措施。只有适期采收，才能获得较高的产量和优质的果实。良好的采果技术，可以使果实减少机械损伤和运输、销售、贮藏期间的腐烂损失。

（一）采 收

1. 采收时间 目前，生产中多依果皮、籽粒的色泽变化来确定果实成熟度及采收期。成熟的红色品种果实籽粒鲜红色或浓红色、粒大、汁液多、味甜，籽粒内近核处"针芒"状物极多。充分成熟的白石榴，籽粒晶亮透明、粒大、汁多、风味浓甜，籽粒内近核处针芒状物也很多。生产中也有按照果实发育天数来预定采收期的。石榴从坐果后至成熟采收，所需天数为120～140天，平均130天。开花、坐果早的头花、二花果成熟早，采收早，开花坐果晚的三花、四花果成熟晚，采收也晚。正确采收期的确定，还应由市场需要和各年特殊气候条件来确定。近年来，各产区采果期不断提早的一个主要原因就是为了迎合众多游客对这一地方名优果品的需要。陕西临潼地区也有靠推迟采收期来延长市场鲜果供应以获取更高的收入。采收时间的确定，还与采果后果实的贮藏、销售等情况有关，准备较长时间贮藏的果实要适当早采，而不能过熟，准备立即投放市场销售的果实可适当晚采。采收时期还与天气情况有关，如天气干旱可以推迟几天采收。

2. 采果方法 充分成熟的果实应及时采摘投放市场，采果前应备好采果袋、采果篮。采果篮的底部和四周用废麻袋片衬好，防止擦伤果皮，并用细钢筋或木钩做成悬挂钩拴到篮上，采果时便于在树干上悬挂，提高工作效率。同时，还要备足果箱，检修好采果剪、采果凳、采果梯等。采果人员应剪指甲、戴手套、穿软底鞋，防止刺伤果皮，踩坏树皮。

石榴果梗粗壮，坐果牢固，果实充分成熟后，果梗也不会形成离层，以至落叶后果实仍旧悬挂树上而不自然脱落。因此，采果时要倍加小心，保护果实不受损伤。采时要用采果剪紧贴果实剪下。果梗不能留长，以免刺伤包装纸或其他果实。采时还要尽量避免撕、碰、摔、刺、擦伤果实，注意轻放，防止碰掉萼片，撞伤果实。采下的果实要先在园内阴凉处进行初选，将病虫果、严重伤果、裂果挑出。初选合格的果实，及时运往堆果场地进行分级包装。选好的果实不能放到太阳光下暴晒或淋雨。

（二）分级与包装

1. 分级　将初选合格的果实，进一步按照商业部门规定的统一标准，根据不同品种果实大小，每千克果实数，果皮、籽粒色泽，病虫危害和碰、压、刺伤程度进行挑选分级。如陕西临潼对石榴各品种果实分别定为特级、一级、二级、三级和等外级 5 个档次，这个分级标准目前仍在沿用（表 5-5）。

表 5-5　陕西临潼石榴分级标准（暂行）

级　别	果重（克）	果个数（个/千克）	色泽		允许刺碰伤、虫伤、病疤情况及面积大小
			果皮	籽粒	
特　级	400 以上	2.5	全红	全红	无
一　级	300～400	3	2/3 红	全红	无
二　级	200～300	4～5	1/2～2/3 红	全红	无虫伤、病疤，刺、碰伤总面积 1～2 厘米²
三　级	150～200	5～7	1/3～1/2 红	红	无虫伤、病疤，刺、碰伤总面积 2～3 厘米²
等　外	150 以下	7 以上	1/3 红	浅红	无虫伤、病疤，刺、碰伤面积大于 4 厘米²

2. 包装　为了便于运输和减少途中损伤，由产地运往销地前必须要妥善包装。包装规格内、外销各不相同。目前，包装材料多用 5～7 层黄板纸箱，临潼石榴包装箱的规格有 50 厘米×30 厘米×30 厘米、40 厘米×30 厘米×25 厘米和 30 厘米×25 厘米×20 厘米，其装果量分别为 20 千克、10 千克和 5 千克。

包装时将不同品种和等级的果实分别装入各个箱中。装箱时先在箱底铺一张黄板纸，使箱底平整不露箱钉，将用白纸或发泡网袋包裹好的果实尊筒侧向一边，由箱内中心向四周循序装入。装满一层后，盖一张硬纸板，再装第二层，直到装满为止。一般情况下，特级、一级果可装两层，三级果可装三层，装箱时要求不破箱、不漏装，果实相互靠紧顶实，整齐美观。最上层果上盖一张纸板，盖好箱盖，并用胶带纸将箱封严，用打包带将箱的两边扎紧封牢，在箱上注明品种、级别、产地、质量和运往地点，然后分别堆码存放。发运前的临时存放期间，要注意防雨淋、防潮湿和防鼠害，确保果实安全。

3. 运输　果实包装后，要通过各种方法运往销地。无论采用哪种运输工具，都要做到轻拿轻放，避免野蛮装卸。运输途中，既要严防机械损伤，又要根据运输条件和天气情况，随时做好降温（北果南运）或保温（南果北运）工作。

（三）贮　藏

石榴1年只有8～10月份有鲜果供应市场。收获季节，果实一时销售不了经贮藏保鲜后便可待价销售，实现增值。

1. 贮藏条件　影响石榴果实贮藏的环境条件主要有温度、湿度和气体成分。贮藏的适宜温度为3℃～5℃，最高不宜超过8℃，最低不宜低于0℃。空气相对湿度以85%～90%较为适宜，过高或过低对果实安全贮藏和延长贮藏时间都很不利。在3℃条件下贮藏时，空气中氧的适宜浓度为2%，二氧化碳的适宜浓度为12%。

2. 贮藏方法　石榴果实贮藏有多种方式，我国各产地果农在长期的生产实践中创造了利用地窖、瓦瓮、席囤等方式贮藏果实的宝贵经验和方法。近年来，各地群众又根据当地土壤、气候、地理、地形等具体条件，创造了利用土窑洞、塑料薄膜小包装、现代气调冷藏库等较为先进的贮藏技术和方法。

（1）室内堆藏法　选择无烟火、冷凉稍湿润的清洁空房，垫以稻草或松叶等，厚10厘米左右，然后将石榴一层层堆放，层间用松叶等间隔，一般第一层果梗向下，第二层果梗向上，以5～6层为限，最后于堆上覆盖3～6厘米厚的松叶或稻草，务必盖满全堆，以后每隔20天检查1次，贮藏2～3个月后好果率可达70%以上。

（2）**土窑洞贮藏法** 西北各地果农常用当地土窑洞贮藏。土窑洞的窑体结构是窑体坐南，窑门开在北面。门宽0.8～1.2米、高2.5～3米、深2.5～3.5米，第一道为铁网门，第二道为木板门。窑身宽3米、高3米、长10～20米。窑顶为拱形，高度与窑门高度大致相等，只是渐向窑内而地面渐高，呈缓坡形。这样，有利于窑内热空气从门的上方逸出。在窑身的后部设下口直径0.5～0.8米、上口直径0.3～0.5米、高出地面2～3米的通气孔。土质好且有坡或崖可供利用的地方，完全采用土打，只将窑门用砖砌加固或砖柱加固。没有土崖的地方，可选干燥地方，用大揭盖的方法开挖，然后用砖砌起。窑上盖厚1米以上的土层，使窑身完全处于地下。窑的两侧地面铺枕木（或砖），以便堆放果箱。

果实贮藏初期要勤于检查，及时拣出腐烂、霉变果，并将窑门和通气孔昼夜打开通风降温。12月中旬后，外界温度低于窑温时，要关闭通气孔和窑门，并给门上挂棉帘防寒。入窑后第二个月起每隔15～20天检查1次。

（3）**室内箱藏法** 在南北各地均可采用。方法是选择无烟火、背阴冷凉，并稍潮湿的空房子打扫干净，地面垫以枕木，将箱内衬有薄膜袋（袋口叠压）的果箱整齐码放。入贮初期用排气扇（或空调）排气降温，12月中旬后注意防寒。室内箱贮时，以5～10千克装的箱为最好。

（4）**冷库贮藏法** 温度对果实贮藏时间的长短是有决定性影响的。冷库贮藏是目前大量贮藏石榴的方法。温度控制在4℃左右，空气相对湿度保持在80%～85%。贮藏果经严格挑选后用0.03毫米厚聚乙烯（PE）塑膜袋单果包装条件下，贮果4个月后，果实保鲜程度、籽粒色泽、果汁风味及可溶性固形物与贮果前差异很小，好果率达85%以上。

（5）**塑料袋小包装贮藏法**　近些年来，各地用无毒塑料袋小包装贮藏石榴的效果很好。方法是先将厚0.04～0.07毫米、直径50厘米、高80厘米的塑料薄膜袋装入箱内，然后将经过精心挑选和预冷降温、防腐剂处理的石榴用软白纸逐个包裹装入袋中，每袋装果5～10千克不等，将袋口折叠压在果上封箱。用塑料袋小包装贮藏果实以放到土窑洞、地窖、通风库或冷藏库中效果最好，也可放到背阴、冷凉、湿度较大的空房内。贮藏初期要勤于检查，及时挑出腐烂、霉变果实，以防扩大污染。塑料袋小包装的果实，在通风冷藏库或窑洞中贮藏3～4个月后，仍然果面光洁，色泽艳丽，籽粒色泽、果汁风味、含糖量等如初，好果率可达90%以上。

七、专家种植经验介绍

（一）防止冻害

随着人们生活水平的提高，对水果种类的要求越来越多，石榴的发展规模也在逐渐增加，特别是软籽石榴的推广栽培，在北方发展非常迅速，但是在石榴推广的过程中，近几年出现了比较严重的冻害问题，对石榴生产造成了很大的影响。

通过笔者观察，造成这种情况的主要原因：北方各地的气温差异较大，冬季气温变化没有规律，而造成石榴冻害的主要原因是冬季的绝对低温，石榴冬季生产的临界温度为-19℃，而这几年打破极限温度在北方各地时有发生，因而造成许多石榴树被冻死。因此，在石榴生产中防冻是非常重要的。主要措施如下。

1. 增强石榴树势，提高抗冻能力

（1）**合理控水**　多雨年份注意排水，使枝条发育饱满充实，生长后期控制浇水，上冻前浇 1 次透水。

（2）**科学施肥** 遵守"前促后控"原则，生长后期要少施氮肥，多施磷、钾肥，叶面喷施稀土、磷酸二氢钾等叶面肥，确保树体健壮充实，提高防冻能力。

（3）**病害防治** 及时防治干腐病和早期落叶病，保护好枝干和叶片是预防冻害发生的重要措施。

（4）**提前冬剪** 在 12 月上旬进行冬季修剪，可防止枝条抽干，利于伤口的愈合。对修剪后的伤口，应涂保护剂。

2. 加强保护，避免冻害发生

（1）**喷药保护** 冬季来临前喷波尔多液，以防病害发生。

（2）**树干涂白** 入冬前结合清园进行树干涂白。

（3）**熏烟升温** 初春在园内用玉米秸秆（粉碎）、锯末等熏烟进行升温防冻，一般每 667 米^2 3～4 个火堆可升温 3℃～4℃。注意不要引燃材料，材料过干时可适当喷水，以冒浓烟最好。

（4）**塑膜包裹** 对易受冻的幼树，可以用塑料薄膜包扎起来。石榴树多针刺，易扎破薄膜，应先包草，外面包塑料薄膜。

（5）**根颈培土** 在土壤结冻前，结合中耕对树根颈部培土，厚度 20～40 厘米。春季萌芽前，选合适的时机去除。

（二）防 涝

石榴较耐干旱，但不耐涝，容易积水的地方，石榴树会被淹死。在生产上要注意排水防涝。主要措施如下：

①建园选址时，选择地势较高的地方。较低洼的地方注意做好排水措施。②进入雨季后要注意及时排水、清淤，疏通排灌系统。③石榴在果实成熟前，若土壤水分过多，则会造成果实裂果，可采取地膜覆盖，降低土壤中的水分。

第六章
石榴盆栽技术

石榴花大色艳，花期长，从麦收前后一直开到 10 月份，果实也色泽艳丽。由于石榴既能赏花，又可食用，因而深受人们喜爱，用石榴进行盆栽或制作的盆景更是倍受人们喜爱。石榴也是我国最早进行盆栽的果树种类之一。

一、品种及选盆

以观花为主时，应选择花大、色泽鲜艳的复瓣品种，如大花石榴等；以观果为主时，则可选果形美丽的红色品种，如泰山红石榴等，也可根据个人喜好或需要而定。

盆有素烧盆、釉盆、紫砂盆、瓷盆、塑料盆和木盆（桶）等。素烧盆又称瓦盆，其质地疏松多孔，易于盆内多余水分的排除和空气的流通，适于根系的发育，且价格低廉、质轻且使用便利，是使用最普遍的一种。其缺点是加工粗糙、松脆易碎。因其水分散失较快，盆内容易干，浇水应较勤、较多。釉盆和瓷盆的加工精细，规格和花样多且美观耐看，常做观赏装饰和盆景用。塑料盆是目前国外大量使用的一种盆栽容器，其优点是美观、轻便、耐用且价格低廉。釉盆、瓷盆和塑料盆的共同缺点是质地坚实少孔，排水通气性差，其水分蒸发量和干燥程度只有瓦盆的1/2，在夏季阳光直射的条件下，由于盆壁面水分蒸发量的差异，这类盆内的土壤温度往往比瓦盆内高 4℃～6℃，均不利于根系的发育。

使用这类盆，应采用颗粒较大、孔隙较大、通气性及排水性良好的培养土为宜，或者在盆底和四周垫一层瓦片等以便通气、排水，改善盆内土壤环境，保证根系的良好发育。紫砂盆虽不及釉、瓷盆精细华美，但其盆壁的通透性能较好，是盆景和观赏较理想的用盆，使用时应注意提高盆土的通透性，防止浇水过多。木桶可用于大型石榴树的栽植。盆的大小要根据苗木的大小来定。泥瓦盆规格型号较多，在盆栽石榴中常用的有以下几种。

表6-1 常用花盆名称和规格

名 称	规格（厘米）		适合用途
	内 径	高 度	
菊花缸	18	10	结果前幼树或小型结果树（树高 30～60 厘米）
二缸子	22	12	
坯子盆	30	15	
三道箍	40	25	中型结果树（树高 60～120 厘米）
水 桶	48	28	
四套接口	60	32	大型结果树（树高 120～200 厘米）
八道接口	70	38	

二、培养土的配制

盆栽石榴土壤，要求疏松通气，保肥蓄水，营养丰富。可按园田表土 3 份、腐叶土 3 份、厩肥 2 份、细沙 2 份的比例混匀成培养土，或者按马粪、园土、细沙各 1/3 的比例混合配成培养土，堆成一堆用塑料薄膜盖严，高温杀菌 15～20 天，过筛后装盆。

三、上　盆

1. 上盆时期　北方在春季萌动前或秋季落叶后上盆。秋季上盆的苗木，因其根部创伤愈合较早，往往翌年春季发根较早，但在北方冬季寒冷地区需做好冬季防寒和保湿工作。在防寒条件差的地方，大都采取春季上盆的方法，此时苗木体内储存营养较多，能很快地发根生长。

2. 选苗选盆　盆栽石榴上盆时应选取根系发达、须根多、干粗及干高适当、分枝均匀且多、枝形美观、生长健壮的苗木。从缩短盆内培育年限和提高观赏价值的角度出发，选苗尤以干基较粗的多年生苗木为好。这类大苗往往根系较大，主根伸展较远，移植时伤根较多，上盆时除注意严格上盆的时期和采掘后及时上盆外，还要尽可能地多保留须根。

盆的大小应根据苗木的大小、长势的强弱来选定。小苗大盆或大苗小盆既失美观，又不利于植株的生长发育。因盆栽苗木的根系具有围绕盆壁和盆底生长的特点，用盆过小则根系得不到正常发展且易营养匮乏，用盆过大则盆内的养分得不到充分利用且易发生涝害。一般1～2年生的苗木，可选20～25厘米的盆。若要求培育大树冠则应随着树冠的加大逐年转移到较大的盆中。

3. 上盆方法　先检查盆底孔是否通畅，再用碎盆片凸面向上盖到孔上或用2片碎片交错盖上，以避免漏土或阻塞。石榴怕水淹，则要多放碎片并铺2厘米厚的粗泥粒，形成通透性良好的排水层，而后再放置少量培养土进行栽植。栽植时，应使根部舒展并与土壤密接，对较大或主根较粗的根系，可用木棒将根部四周的泥轻轻插实，并用手轻拍盆腰，以避免根际存有较大的空隙。栽植深度以刚盖过苗木原土面为度，若有嫁接口，则要露出土面。盆无论大小均应装至八成土为止，留出20%左右的水口（俗称沿口）以利浇灌。

上盆后要及时浇透水。由于盆内较干,一次浇水往往难以浇到盆底,同时较大的土粒也难于吸足水分,所以要分2次浇透。若盆土有较大空隙,浇水后发现较大塌陷甚至通连底孔将水迅速排掉,应及时填入新的培养土并再次浇透。若是在春季萌芽前上盆的,则应摆放到背风向阳处,此时植株需水不多,应控制浇水次数,保持盆土湿润即可,以便提高盆内的温度,促使新根尽早发生。

由于有些新盆常含有碱性物质,且十分干燥,所以极易吸收大量水分,若直接使用,常吸收培养土中的水分,使其失水收缩,从而与盆壁间形成较大间隙。因此,盆应预先浸水1～2天。旧盆的外壁常滋生苔藓阻塞孔隙,妨碍通气并伴有病菌、害虫发生。盆使用前应洗净、消毒。消毒方法:可用1%硫酸溶液将洗净的盆浸24小时,然后再放清水中浸洗48小时。

上盆前的苗木要检查是否有病虫害并给予适当修剪。修剪根部时,要将伤口剪平以利愈合,剪除病根、伤根及粗根的过长部分,尽量多保留须根。树冠的修剪,应根据不同造型的需要而定,原则上应在保持树干低矮适度的情况下,适当地控制生长点的数量,保持树形的圆满、紧凑和生长的健壮。

四、倒　盆

又称翻盆或转盆,其目的主要是为解决以下几个影响生长发育的问题。

第一,由于盆栽的根系绕盆生长,经2～5年后往往形成厚达1厘米左右的根垫,造成根土分离,根系老化,吸收、运输养分困难,因此要剪除大部分根垫,促使根系更新复壮。

第二,苗木经2～3年的生长,因盆土养分有限,导致其中可吸收的营养贫乏,且有毒、有害分泌物积累增多,造成土壤环境恶化。因此,需去除部分原土,增补新的营养土,以改善盆内的营养条件。

第三，随着树冠的增大，应逐渐将果树转移到较大的盆中，以满足其营养需要、提高观赏水平。

大批倒盆宜在春季萌动前进行，可显著地促进树体的生长发育。特殊情况可在生长季进行。需要注意的是，生长期倒盆，随着操作时期和操作方法的不同，可产生不同的效果。若在不伤根系的情况下，由小盆转移到较大盆中，可促进石榴的后期生长，在营养生长阶段倒盆若伤根较多，则往往造成生长衰弱；在营养生长停止前，花芽分化开始阶段倒盆，尤其是对过旺树，适度的根系修剪，可有效地抑制营养生长，促进花芽分化。根系的修剪量应视根垫的形成情况区别掌握，一般可剪除20%～30%，不宜伤根过多。

春、秋季节正常的倒盆方法：先将植株自原盆内取出，剪除网状根垫，并将根部周围及底部土去除1/4～1/3，同时对地上部适度修剪，按上盆的方法重新栽植。若需转移到较大的盆中，可保持根土不散，整坨置于新盆中央，然后从周围加培养土栽植。生长期倒盆，除注意伤根数量不可过多外，还应给予适度遮阴和喷水保湿的措施，以防止叶片严重萎蔫造成焦叶、落叶。

五、整形修剪

（一）整　形

盆栽石榴的树形一般采用单干式或自然圆头形，或两干式开心形。

自然圆头形干高10～20厘米，留1个主干。主干上留3～5个主枝，向四周均匀分布。主枝也可充当大型枝组，并有小枝组补空，生长期旺枝及时摘心，使骨干枝弯曲缓和生长。

两干式开心形是从地面斜生主干2个，与地面夹角为40°～50°，在干上分生枝组4～5个。可采用单株平茬法和双株定植法，即每个主干在新梢第一次生长高峰时拉斜，其余枝条长放，并拉到水平或下垂，每一主干配置4～5个枝组，分枝角度70°～80°，冬剪时除了延长枝外全部长放。

（二）修　剪

石榴的修剪除了疏除细弱枝、枯死枝、交叉枝、无用的徒长枝外，主要是结果枝组的培养和更新。

1. 弓形养成法　对于主枝上的旺枝，生长季可摘心，一般冬季轻剪长放，到第一次旺盛生长结束时，配合拿枝，向拟定方向拉弯，使梢部下垂，防止回弹。拉后将没用的枝疏去，过密的枝适当地疏除，冬季以长放为主。

2. 枝组的更新　石榴的中庸树每年只有1次生长，以弱枝或叶丛枝为主，在树势较强时，可萌生少量的强枝，结果部位相对稳定，但有时也容易结果部位向外转移。主要原因是各大枝争光导致植株外强中枯，因此要及时回缩或疏枝，做到上稀下密、大枝稀小枝密，保证树冠内良好的风光条件。通过调节枝条角度的方法调节结果的数量。对于过弱的下垂枝可回缩更新。

六、肥水管理

盆栽石榴一般在换盆时加入有机肥，作为基肥，占全年施肥量的80%，一般是将堆厩肥与适量的化肥混合腐熟后施入。追肥一年进行3次，发芽前以氮肥为主，促进营养生长，供应萌芽、抽枝、花芽分化之需；开花前后以氮、磷、钾、硼肥为主，保证开花、坐果及幼果的发育；采前以根外追肥为主，可喷0.3%～0.5%尿素加上0.3%磷酸二氢钾，促进果实膨大，增加其色泽和含糖量。

盆栽石榴最好使用软水灌溉。雨水、雪水、河水、湖水较适合盆栽地区，但大多地区会因条件所限采用井水和自来水。井水含空气量少、自来水含较多的氯离子均对植物生长不利，应引入池中贮藏一段时间后再用。

过低、过高的水温均不利于盆栽的生长。夏季的井水常比气温和土温低20℃～30℃，较大温差的刺激可使植物根毛丧失吸收功能，甚至造成萎蔫和加速缺水，甚至使植株脱水死亡。井水应贮存1～2天使水温与土温接近再使用，一般水、土温差不应超过5℃，以冬季稍高、夏季稍低为宜。生长季浇水应在上午10时前或下午4时后进行；冬季或早春应在午后气温较高时进行。

夏季需水量最大，晴天往往需每天浇水2次。春、秋季节一般每天浇1次。早春或秋后应根据盆土的情况2～3天甚至4～5天浇1次。冬季休眠期应控制浇水，应视其越冬环境10～15天检查1次，防止盆土过干。

供水正常的石榴植株，表现为生长旺盛、叶色浓绿、叶柄向上支撑有力。缺水的植株，叶片软而无力，叶柄与叶片连接处略微低垂，叶色暗而缺少光泽，严重时内卷甚至萎蔫。浇水过量或连阴雨天，未经强光或高温而叶色发暗甚至萎蔫者，多为涝害。对严重缺水的植株，应置阴凉处，先少量浇水配合叶面喷水，待其恢复正常后再浇透水。对发生涝害的植株，应从盆内整坨取出，置阴凉通风处使其迅速透气散发水分，同时喷水保叶，待经3～5天恢复后，再重新上盆养护。

人工浇水是盆栽石榴中劳动量最大而且不易掌握的一项工作。有条件的地方应提倡滴灌，滴灌省水省工且易于控制，一般设施费用不高于当年的用工费用，值得提倡。

七、病虫害防治

石榴的病虫害有干腐病、早期落叶病、果实软腐病、桃蛀螟、桃小食心虫、棉铃虫、黄刺蛾、蚜虫、蚱蝉、介壳虫等，其防治方法可参考第五章相关内容。

附　录

附录一　石榴无公害生产技术规程

1. 范围

本规程规定了无公害食品石榴生产的园地选择与规划、栽植、土肥水管理、整形修剪、花果管理、病虫害防治和果实采收等技术。

2. 建园

2.1　园地选择

2.1.1　产地环境

园地的环境条件应符合 GB / T 186407.2—2001 标准的要求。

平原地区选择光照良好、有排灌条件的沙壤土、壤土地，丘陵山区选择土层深厚、坡势缓和、坡度不超过 20°、背风向阳坡的中部，坡度在 6°以上的要修筑梯田或挖鱼鳞坑。

2.1.2　土壤条件

土壤肥沃，有机质含量在 1% 以上。土层深厚，活土层在 60 厘米以上。地下水位在 1.5 米以下。土壤 pH 值 6.5～8.3，总盐量低于 0.3%。

2.2　园地规划

平地、滩地和 6°以下的缓坡地，栽植行为南北向；6°以上的坡地，栽植行沿等高线延长。配备必要的排灌设施和建筑物，营造防护林。

3. 品种的选择

选择适宜栽培的优质、高产、抗病、抗冻害品种。

4. 栽植

4.1 苗木的选择

苗木高度在 80 厘米以上，基部 10 厘米处茎粗 0.8 厘米以上，20 厘米以上的长侧根有 3 条以上，直插建园所用种条须选用发育健壮的 1～2 年生发育枝。要求枝芽体饱满，组织充实，无检疫性病虫害。

4.2 苗木的处理

栽植前用水浸根 12～24 小时（随起随用的苗木可不浸泡）或用泥浆蘸根，然后用 3～5 波美度石硫合剂或 50% 多菌灵可湿性粉剂 600～800 倍药剂蘸根，并且修剪根系。

4.3 栽植密度

平原地区：穴距 3～4 米，行距 4～5 米，每 667 米^2 33～55 穴；丘陵地区行距 3 米，穴距 2 米，每 667 米^2 100～110 穴。

4.4 授粉树配置

主栽品种与授粉品种的栽植比例为 4～5∶1，同一果园内栽植 2～4 个品种，差量成行配置。

4.5 栽植时间

春季栽植时间为土壤解冻至发芽前，秋季栽植时间为落叶后至土壤结冻前。

4.6 栽植技术

在定植点挖 90 厘米^2 的定植穴，生、熟土分开放置，每穴投入优质有机肥 25～50 千克，同时掺入 0.5～1 千克的过磷酸钙，与熟土混合均匀后填入定植穴内。置入苗木，理顺根系，封土提苗，踩实，浇透水。栽植深度：平原地区根茎入土 2 厘米，丘陵地区根茎入土 10 厘米。秋季栽的苗木要封土保墒，翌年发芽后扒开封土。当地面出现板结时要及时对树盘松土保墒。沙区、丘陵等浇水条件较差的地区，栽植后采用地膜覆盖或树盘覆草保墒。

5. 土肥水管理

5.1 土壤管理

结合施基肥，每年秋季进行耕翻扩穴。幼龄园保留 1 米宽营养带，行间禁止间作高秆作物。成年果园可采用清耕、秸秆覆盖或行间种植绿肥等措施。

5.2 施肥

5.2.1 施肥原则

以有机肥为主、化肥为辅，禁止施用未获登记的肥料产品或未经无害化处理的城市垃圾和未经充分腐熟的有机肥料。

5.2.2 施肥的种类、时期和数量

5.2.2.1 基肥

以腐熟有机肥为主，秋季果实采收后至落叶前施入。施肥量：幼树每 667 米^2 2 000～2 500 千克，成年果园每 667 米^2 4 000～5 000 千克，但每 667 米^2 加入硫酸亚铁和硫酸锌各 5 千克。以沟施为主，沟深 40～50 厘米。施肥部位在树冠垂直投影下外缘。

5.2.2.2 追肥

5.2.2.2.1 土壤追肥

幼树每年 2 次。第一次在萌芽期，以氮肥为主，每 667 米^2 施尿素 10～15 千克；第二次在新梢生长后期，以复合肥为主，每 667 米^2 施磷酸二铵 10 千克加硫酸钾 5 千克。

成年树每年 3 次。第一次在萌芽期，以氮肥为主；第二次花前进行，以磷、钾肥为主。第三次在果实膨大期，以磷、钾肥为主，氮、磷、钾混合使用；施肥量根据果园土壤条件确定。结果树一般每生产 100 千克石榴需追纯氮（N）1 千克、纯磷 0.5 千克、纯钾 1 千克。3 次追肥量的分配比例为氮：5：2：3；磷：0：5：5；钾：0：5：5。施肥方法是在树冠下开沟，沟深 15～20 厘米，追肥后及时浇水。

5.2.2.2.2 叶面喷肥

生长前期喷 2～3 次，以氮肥为主；生长后期 2～3 次，以

磷、钾肥为主；根据具体情况，可补施果树生长发育所需的微量元素。常用肥料浓度：尿素 0.3%～0.4%，磷酸二氢钾 0.2%～0.3%。花期喷 0.1%～0.3% 硼砂溶液。

5.3　水分管理

5.3.1　浇水

1 年灌 4 次水，分别在萌芽前、花前、果实膨大前和施基肥后封冻前进行。其他时期视土壤墒情及时浇水。

5.3.2　果园防涝

挖排水沟严防积水。一般 7 月份以后要注意控水，禁止大水漫灌。

6. 整形修剪

以轻剪为主，适疏少截，促使幼树早成形、早结果，使成年树树体平衡，结构合理，通风透光，便于机械化管理。

6.1　主要树形结构

6.1.1　单干形

单主干，干高 40～60 厘米，树高 2～3 米，冠径 1.5～2.5米；中央领导干直立，其上均匀分布 8～10 个单轴延伸结果枝组，同侧结果枝组间距 60 厘米左右，结果枝组角度 50°～65°。下部结果枝组稍长，向上依次递减，整个树冠呈纺锤状。此树形适于密植园。

6.1.2　双主干"V"形

没有直立主干，只有两个顺行间生长、相互夹角 80°～100度的斜生于地面的主干，两主干与地面夹角 40°～50°，干高60～80 厘米。每个主干上直接配置大、中型结果枝组 10～12个。每个主干相当于一个细长纺锤形，树形完成后，整个树冠呈自然扁圆形。此树形适于小株距、大行距石榴园。

6.1.3　多主干开心形

主干 3～5 个，干高 60～80 厘米，每个主干上着生 5～10个大、中型结果枝组，向四周扩展，树冠呈半圆形。此树形适于

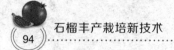

肥水条件好，株穴距 3～4 米的石榴园。

6.2　整形修剪

6.2.1　新栽幼树的整形修剪

6.2.1.1　第一年的修剪

6.2.1.1.1　单干形

休眠期修剪：春季萌芽前，距地面 60 厘米处定干，保持主干直立生长。

生长期修剪：中心干保持直立任其生长，对中央领导干上发出的过旺的新梢进行拿枝控制。8～9 月份对位置不适当的枝条再通过拉枝将其基角调整到 60°左右。主干下部萌枝全部疏除。

6.2.1.1.2　双干"V"形

休眠期修剪：春季萌芽前，将两个主枝拉到与地面呈 40°～50°夹角，两主枝向行间对拉。各主干留 60～80 厘米选饱满芽处剪截。

生长期修剪：春季剪口芽萌发后，留一侧芽作主枝延长枝培养，另一侧芽培养大型枝组，7～8 月份开张角度。主枝背上芽发生的新枝疏除或重摘心控制；两侧和背下生出的枝适当控制，以不影响骨干枝生长为原则。

6.2.1.1.3　多开心形

休眠期修剪：春季萌芽前，将每个主干拉到与地面呈 40°～50°夹角，各主干之间等距离均匀排开。各主干留 60～80 厘米选饱满芽处剪截。

生长期修剪：参照二主干形。

6.2.1.2　第二至第四年的修剪

休眠期修剪：对各类骨干枝在 50～60 厘米饱满芽处短剪，其他类枝均缓放不剪。

生长期修剪：疏除过密枝、并生枝。对长枝进行摘心。直立枝采用拉枝、拿枝等手法开张角度。对于过旺树采取扭梢、环割、环剥等措施促使结果。

6.2.2 初结果期（4～7年生）树的修剪

休眠期修剪：对主枝两侧发生的位置适宜、长势健壮的营养枝，以轻剪、疏枝为主，去强留弱、去直留斜平，培养成大型结果枝组；对影响骨干枝生长的直立性徒长枝、萌蘖枝，采取疏除、拉枝等措施，改造成中、小型结果枝组；长势中庸、二次枝较多的营养枝缓放不剪，促其成花结果；长势衰弱的多年生枝要轻度短截复壮。疏除过密枝、病虫枝。

生长期修剪：抹除过多萌芽，除萌蘖；对旺树、旺枝采取拉枝、拿枝、扭梢、环割、环剥等措施，促进成花。

6.2.3 盛果期树的修剪

休眠期修剪：适当回缩枝轴过长、结果能力下降的枝组；疏除干枯、病虫枝、无结果能力的细弱枝，对有空间的新生枝要培养成新的枝组；对树冠外围、上部过多的强枝、徒长枝适当疏除或拉平、压低甩放，过多的骨干枝酌情疏除或缩剪。

生长期修剪：对角度过小枝、背上枝拉枝开张角度。抹除过多萌芽和剪、锯口附近的萌蘖枝；疏除过密枝，改善光照。

7. 花、果管理

7.1 疏蕾、疏花、疏果

疏蕾、疏花在花蕾膨大期至末花期进行。反复疏除钟形花蕾、钟形花及7月份以后开的所有花。疏果在幼果开始转绿时进行。疏除晚果、畸形果，尽量不留双果，多留头茬果，选留二茬果，不留三茬果；老弱树多疏少留，壮树可适当多留，一般15厘米左右留1个果。每667米^{2}产量控制在2 000～2 500千克。

7.2 保花保果

授粉。花期利用放蜂和人工辅助授粉、喷0.3%硼砂液等方法，可提高坐果率和果实整齐度。

7.3 摘叶转果或转枝

摘叶分2次进行：第一次在6月上中旬结合疏果定果，摘除果埂基部小叶和覆盖果面的叶片；第二次在9月上中旬果实着色

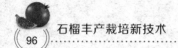

前 15～20 天，摘掉遮挡直射果面阳光的叶片或小枝组。转动果实，使其全面见光。着生在大、中粗枝上的果实无法转动，在二次摘叶后 5～7 天，通过拉、别、吊等方法，调整转动结果母枝位置。

8. 病虫害防治

8.1　防治原则

加强病虫预测预报，采取农业防治、生物防治、物理防治、化学防治相结合的防治方法，严格执行无公害食品石榴生产的化学防治用药规定和植物生长调节剂的使用规定。

8.2　农业防治

采取剪除病虫枝、清园、刮除树干翘裂皮和枝干病斑，集中烧毁或深埋，翻树盘、地面覆盖、科学土肥水管理，增强树势等措施控制病虫害发生。

8.3　物理防治

根据害虫生物特性，采取糖醋液、树干缠草绳、黑光灯等方法诱杀害虫。

8.4　生物防治

释放赤眼蜂、助迁和保护瓢虫、草蛉、捕食螨等天敌，土壤施用白僵菌防治桃小食心虫，利用昆虫性外激素诱杀或干扰成虫交配。

8.5　化学防治用药规定

严格按使用浓度、施用时间和施用方法施用；允许使用的农药（附表1、附表2），最后1次施药距采收期间隔要在20天以上；严禁使用禁止使用的农药和未核准登记的农药。

9. 植物生长调节剂使用规定

9.1　允许使用的植物生长调节剂及技术要求

主要有苄基腺嘌呤、6-苄基氨基嘌呤、赤霉素类、细胞分裂素类、矮壮素、乙烯利、防落素、缩节胺、多效唑等。

技术要求：严格按照规定的浓度、时期使用，每年只能使用

1 次。

9.2 禁止使用的植物生长调节剂

比久、萘乙酸、2，4–D 等。

10. 石榴冻害

10.1 抗冻措施

选用抗冻品种，加强综合管理措施，增施有机肥和磷、钾肥，使石榴树体保持健壮；秋季适当控水，5 月下旬每株埋施多效唑纯品 1.5 克，或喷 1 000 毫克 / 升多效唑溶液，促使新梢停止生长，提高树体营养水平，增强抗冻能力；秋季进行 1 次培土，增强根茎越冬能力；合理负载；适时冬灌；在耕作、除萌过程中，避免创伤根茎；树干绑草把，外加塑料膜保护；禁止树干周围积雪。在果园的西北方向设防风障或建防护林。

11. 适时采收

11.1 采收时期

根据成熟度，分期采收。红籽石榴于果粒由白色全部转为鲜红色或深红色时、白籽石榴于果粒变成乳白色透明状时、黑籽石榴籽略变黑且晶莹透亮时即可采收。成熟期不同时实行分期采收。

11.2 采收方法

采收时按照先冠外、后冠内，先下层、后上层的顺序进行。用采果剪或剪枝剪，紧贴果皮剪下，果柄不可长留，以免刺伤包装纸或其他果实。轻拿轻放，防止碰掉萼片、撞伤果实。

附表 1　石榴园允许使用的主要杀虫杀螨剂

农药种类	稀释倍数及使用方法	防治对象
1% 阿维菌素乳油	5 000 倍液，喷施	叶螨、金纹细蛾、食心虫类等
0.3% 苦参碱水剂	200～450 倍液，喷施	蚜虫类、叶螨等
10% 吡虫啉可湿性粉剂	5 000 倍液，喷施	蚜虫、金纹细蛾等
25% 灭幼脲 3 号悬浮剂	1 000～2 000 倍液，喷施	金纹细蛾

续附表 1

农药种类	稀释倍数及使用方法	防治对象
50% 蛾螨灵乳油	1 500～2 000 倍液，喷施	金纹细蛾、桃小食心虫
20% 杀铃脲悬浮剂	8 000～10 000 倍液，喷施	桃小食心虫、金纹细蛾
5% 噻螨酮乳油	2 000 倍液，喷施	叶螨类
10% 浏阳霉素乳油	1 000 倍液，喷施	同上
20% 四螨嗪胶悬剂	2 000～3 000 倍液，喷施	同上
15% 哒螨灵乳油	2 000～3 000 倍液，喷施	同上
40% 蚜灭多乳油	1 000～1 500 倍液，喷施	各种蚜虫
99.1% 机油乳油	200～300 倍液，喷施	叶螨类、蚧类等
40% 硫酸烟碱乳油	800～1 000 倍液	蚜虫、叶螨、卷叶虫、食心虫、叶蝉等
苏云金杆菌可湿性粉剂	500～1 000 倍液，喷施	卷叶虫、尺蠖、毛虫类等
5% 氟虫脲乳油	1 000～1 500 倍液，喷施	卷叶虫、叶螨等
25% 噻嗪酮可湿性粉剂	1 500～2 000 倍液，喷施	介壳虫、叶蝉等
氟啶脲乳油	1 000～2 000 倍液	卷叶蛾、桃小食心虫等
40% 毒死蜱乳油	1 000～2 000 倍液，喷施	棉蚜、食心虫类
50% 抗蚜威可湿性粉剂	800～1 000 倍液，喷施	各种蚜虫
50% 杀螟硫磷乳油	1 000～1 500 倍液，喷施	卷叶蛾、桃小食心虫、蚧壳虫等
80% 敌敌畏乳油	1 000～2 000 倍液，喷施	桃小食心虫、桃蛀螟等
30% 桃小灵乳油	2 000 倍液，喷施	桃小食心虫、叶螨类
20% 甲氰菊酯乳油	3 000 倍液，喷施	桃小食心虫、叶螨类
2.5% 高效氯氟氰菊酯乳油	1 500～3 000 倍液，喷施	桃小食心虫、叶螨类
10% 高效氯氰菊酯乳油	2 000～3 000 倍液，喷施	桃小食心虫
20% 氰戊菊酯乳油	2 000～3 000 倍液，喷施	桃小食心虫、桃蛀螟、蚜虫、卷叶蛾等
2.5% 溴氰菊酯乳油	2 000～3 000 倍液，喷施	同上

附表 2　石榴园允许使用的主要杀菌剂

农药种类	稀释倍数及使用方法	防治对象
5% 菌毒清水剂	萌芽前 30～50 倍涂抹或 100 倍喷施	腐烂病、轮纹病、干腐病、紫纹羽病、白纹羽病等
腐必清乳剂	萌芽前 2～3 倍涂抹	同上
2% 嘧啶核苷类抗菌素水剂	萌芽前 10～20 倍涂抹，100 倍喷施	白粉病、炭疽病、霉心病、早期落叶病等
80% 代森锰锌可湿性粉剂	800 倍液，喷施	早期落叶病、轮纹病、炭疽病等
70% 甲基硫菌灵可湿性粉剂	800 倍液，喷施	早期落叶病、干腐病、炭疽病
50% 多菌灵可湿性粉剂	600～800 倍液，喷施	同上
40% 氟硅唑乳油	6 000～8 000 倍液，喷施	斑点落叶病、轮纹病、炭疽病、霉心病等
1% 中生菌素水剂	200 倍液，喷施	同上
27% 碱式硫酸铜悬浮剂	500～800 倍液，喷施	同上
石灰倍量式或多量式波尔多液	200 倍液，喷施	同上
50% 异菌脲可湿性粉剂	1 000～1 500 倍液，喷施	同上
70% 代森锰锌可湿性粉剂	600～800 倍液，喷施	同上
硫酸铜	100～150 倍液，灌根	根腐病
15% 三唑酮乳油	1 500～2 000 倍液，喷施	白粉病
50% 硫磺胶悬剂	200～300 倍液，喷施	腐烂病、白粉病等
石硫合剂	发芽前 3～5 波美度，开花后 0.3～0.5 波美度，喷施	干腐病、早期落叶病、根腐病、螨类、蚧类等
10% 混合脂肪酸铜水剂	5～10 倍，涂抹	腐烂病
68.5% 多抗霉素	1 000 倍液，喷施	斑点落叶病等
75% 百菌清可湿性粉剂	600～800 倍液，喷施	轮纹病、炭疽病、斑点落叶病等

附录二　无公害石榴病虫害防治规程

1. 落叶至萌芽前（11 月下旬至 4 月中旬）

1.1　重点防治干腐病、枝干轮纹病、褐斑病、石榴茎窗蛾、豹纹木蠹蛾等，铲除越冬病虫源。

1.2　结合冬剪，剪除病虫枝梢、越冬茧、病僵果，刮刷蚧壳虫越冬雌虫，刮除老粗翘皮、病瘤、病斑，清除枯枝落叶，集中烧毁。主干和大枝上的虫孔，注入 50% 敌敌畏乳油 400 倍液，用泥封口，毒杀越冬幼虫。萌芽前树体喷布 1 次杀菌剂，可选用 3～5 度石硫合剂，或 5% 菌毒清水剂 100 倍液，或 2% 农抗 120 水剂 100 倍液等。

2. 萌芽至开花前（4 月中旬至 5 月上旬）

2.1　重点防治干腐病、褐斑病、石榴茎窗蛾、豹纹木蠹蛾、桃蛀螟、介壳虫、蚜虫等。

2.2　病虫害防治。刮除干腐病病斑，用 5% 菌毒清水剂涂抹 2 次（间隔 7～10 天）防治干腐病。

2.3　设置黑光灯、糖醋液或性诱剂诱杀桃蛀螟成虫。

2.4　树冠下土壤喷 50% 的辛硫磷乳油 300 倍液，防治桃小食心虫。喷后浅锄。

2.5　在树干周围 1 米范围内，冬季翻"晒"茧或春季翻地面，一般深 5 厘米左右，破坏越冬茧生存环境。

2.6　春季第一次透雨或灌水后进行地面封闭，用农膜覆盖树盘并用土压紧，闷死越冬幼虫。

3. 花期（5 月份）

3.1　5 月初喷 10% 吡虫啉可湿性粉剂 3 000 倍液，防治蚜虫。

3.2　桃小食心虫发生严重的园，5 月下旬树盘下土壤再用辛硫磷处理 1 次。

3.3　树上喷菊酯类农药 2 000～3 000 倍液防治桃小食心虫、

桃蛀螟、龟蜡蚧、绒蚧、茶翅蝽等害虫。

3.4　喷 200 倍等量式波尔多液或 40% 的多菌灵 600～800 倍液，防治干腐病。

3.5　剪除虫梢，集中烧毁，防治石榴茎窗蛾、木蠹蛾。

4. 幼果期（6～7 月份）

4.1　200 倍等量式波尔多液，或 40% 的多菌灵 600 倍液交替使用，每 15 天喷 1 次，连喷 2～3 次，防治干腐病、褐斑病等。

4.2　6 月底至 7 月上旬喷 20% 氰戊菊酯 2 000 倍液，防治桃小食心虫、桃蛀螟、木蠹蛾幼虫、石榴茎窗蛾幼虫、龟蜡蚧等。

4.3　用 40% 的辛硫磷 50 倍液与黄土配合的软泥堵塞幼果，防治桃蛀螟。

4.4　剪除木蠹蛾、石榴茎蛾的危害虫梢，摘除桃蛀螟、桃小食心虫危害的果实集中烧毁、碾扎深埋。

4.5　7 月底喷 40% 代森锰锌可湿性粉剂 500 倍液、40% 甲基硫菌灵可湿性粉剂 500 倍液，加 20% 甲氰菊酯 3 000 倍液或 20% 氰戊菊酯 2 000 倍液或 2.5% 溴氰菊酯乳油 2 500 倍液，防治干腐病、早期落叶病、桃小食心虫、桃蛀螟、刺蛾、龟蜡蚧、绒蚧、茶翅蝽等。

5. 果实膨大期（8 月份至 9 月下旬）

5.1　剪除木蠹蛾、石榴茎蛾危害的虫梢，摘除桃蛀螟、桃小食心虫危害的果实集中烧毁或碾扎深埋。

5.2　树上喷药防治刺蛾、龟蜡蚧、干腐病、早期落叶病等。可选用 40% 多菌灵可湿性粉剂 500 倍液、40% 甲基硫菌灵可湿性粉剂 500 倍液，加 90% 敌百虫晶体 1 000 倍液。

5.3　防治茎窗蛾、木蠹蛾等蛀干类害虫，可用注射器向虫孔注射 50% 敌敌畏乳油 400 倍液等或用棉球蘸 50% 敌敌畏原液塞入虫孔，外封黄泥，熏杀幼虫。

6. 成熟采收期至落叶前（9 月中下旬至 11 月份）

6.1　剪虫梢、摘拾虫果、病果集中烧毁或深埋，防治茎窗

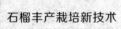

蛾、木蠹蛾、桃小食心虫、桃蛀螟等。

6.2　9月下旬树干绑草把，引诱桃小食心虫、刺蛾等害虫越冬幼虫和卵，定期收集烧毁。